21 世纪高职高专规划教材·计算机系列

Flash 动画设计

（第 2 版）

张欣茹 汪 刚 编著

清华大学出版社

北京交通大学出版社

·北京·

内容简介

Adobe 公司的 Flash CS4 软件是当今全球最流行的二维动画制作软件，在网页制作、多媒体演示等领域得到广泛的应用。由于其强大的矢量图形编辑和动画创作能力，使其逐渐成为交互式矢量动画的标准。本书以应用性和实用性为原则，以培养学生的设计能力和创新能力为目标，从介绍 Flash CS4 的基本操作入手，对 Flash CS 4 的主要功能及用法进行全面讲解和深入剖析。全书分为三大部分共 16 章，第一部分和第二部分分别介绍了 Flash CS4 动画制作技术和 ActionScript 编程，在讲述理论的同时，还给出大量针对性的实例，操作步骤详细清楚，易于新手操作；第三部分结合全书内容，重点剖析了 4 个综合性实例的实现过程，每个实例都给出了知识点的阐述、思路的分析和具体实现的步骤，力求能让读者举一反三，从而达到使学习者能够自主地设计动画的最终目的。

本书内容翔实，图文并茂，操作性、趣味性及针对性都比较强，能引导初学者快速地进入精彩的动画世界。本书可作为高职院校计算机应用专业、网络专业、多媒体相关专业及艺术类专业的动画设计教材，也可作为广大动画设计爱好者学习动画设计的参考用书。

图书在版编目（CIP）数据

Flash 动画设计 / 张欣茹，汪刚编著．—2 版．—北京：清华大学出版社；北京交通大学出版社，2012.7

（21 世纪高职高专规划教材·计算机系列）

ISBN 978-7-5121-1040-3

Ⅰ．①F… Ⅱ．①张… ②汪… Ⅲ．①动画制作软件-高等职业教育-教材 Ⅳ．①TP391.41

中国版本图书馆 CIP 数据核字（2012）第 125157 号

责任编辑：谭文芳

出版发行：清 华 大 学 出 版 社　　邮编：100084　　电话：010-62776969
　　　　　北京交通大学出版社　　　邮编：100044　　电话：010-51686414

印　刷　者：北京市德美印刷厂

经　　销：全国新华书店

开　　本：185×260　印张：17.5　字数：445 千字

版　　次：2012 年 7 月第 2 版　2012 年 7 月第 1 次印刷

书　　号：ISBN 978-7-5121-1040-3/TP·693

印　　数：1～4 000 册　定价：29.00 元

前　言

Adobe 公司的 Flash 系列软件是矢量图形编辑和动画创作专业软件，其强大的动画创作能力，使其逐渐成为交互式矢量动画的标准，同样也代表着多媒体技术发展的方向，尤其在网页制作、多媒体演示等领域。Flash 能够交互式地将音乐、动画、声效等融合在一起，生成交互式矢量动画文件，并且 Flash 使用 ActionScript 脚本语言，通过编程的方式创作出复杂的高级交互式动画。Flash 动画文件能够在低文件数据率下实现高质量的动画效果。目前很多网络浏览器及多媒体制作、播放软件都支持 Flash 的 ".swf" 格式文件。由于该系列软件以技术成熟、功能完善、简便易学等特点而著称，使得许多用户已经把 Flash 系列软件当作一个开发多媒体的首选工具。许多大专、高职院校将 Flash 制作技术纳入了计算机相关专业及艺术类专业的必修或选修课程，围绕着 Flash 等多媒体技术的培训及认证考试，也逐渐地被社会接受和推广。在这种背景下，我们在 2004 年编写了《Flash MX 动画设计》一书，意在引导高职学生快速高效地进入 Flash 动画设计世界，全面提高高职学生动手能力和创造能力，为高职学生更好地走上社会并适应第一任职的需要打下基础。

从第 1 版出版至今，已经 7 年有余了。7 年对于日新月异的计算机动画设计领域来说，已经是一个比较漫长的年代。当时使用的开发平台是 Flash MX，而现在 Adobe 公司已经发布了 Flash CS4，该版本也已经成为事实上的主流版本。教学必须紧跟时代，应尽量缩短院校与产业之间的距离，必须把最新的知识传授给学生，因此我们对该书进行了补充、删减、完善，编写了该教材的第 2 版。

第 2 版与第 1 版相比，主要有以下变化：一是在保持原书特色的情况下，把开发平台升级到 Flash CS4；二是加强书中的实践环节，置换了许多实例，从而使实例更加典型，更具有应用性；三是对书中所有实例进行了重写，使之更加适合于教学，操作性、趣味性、艺术性更强；四是内容更加结合目前动画开发的热点，如增加了网络视频的实现方法等。

本书从介绍 Flash CS4 的基本操作入手，对 Flash CS4 的主要功能及用法作了全面的讲解和深入的剖析。全书分为三大部分共 16 章。第一部分详细讲解了如何在 Flash CS4 中建立基本的元素、引入动画素材、创建和使用元件，如何制作基本动画、多层动画、导入声音，如何对动画作品进行测试、导出及发布等；第二部分讲解了交互式动画制作工具语言 ActionScript 的基本语法规范、语句与函数及动作脚本的调试等；第三部分结合全书内容，精选了 4 个综合性的实例，细致地讲解了所涉知识点及制作思路，能够让读者举一反三，从而达到"授之以鱼不如授之以渔"的最终目的。

本教材内容翔实，图文并茂，操作性及针对性都比较强，几乎对每个知识点都给出针对性的实例，操作步骤详细、设计思想新颖。另外，本书中一些难理解的知识、需要注意的地方均分别在提示和注意文本中加以注释。本书每一章节的最后，都给出了思考题和制作题，以帮助读者巩固知识点，开拓设计思维。

全书的所有例题都在 Windows XP 平台和 Flash CS4 环境下调试通过。本书提供所有实例素材、源代码和电子教案，请与责任编辑联系：wftan@bjtu.edu.cn。

在本书的编写过程中，得到南京工业职业技术学院信息工程系全体老师的指导和帮助，得到了南京钟山职业技术学院信息工程系袁启昌、张琦主任和严争老师等的指导和帮助，得到了南京蓝天专修学院赵涛、张相栋等老师的指导和帮助，在此表示衷心的感谢。另外，编者还参阅了大量文献资料及网站资料，在此对相关作者也一并表示感谢。

虽然我们力求完美，力创精品，但由于水平有限，书中难免有疏漏和错误等不尽人意之处，还请广大读者不吝赐教。

编　者
2012 年 5 月

目　　录

第一篇　Flash CS4 动画基础

第1章 Flash CS4 概述

本章要点:

☑ Flash CS4 发展历程及应用领域
☑ 矢量图和位图
☑ Flash CS4 动画原理及时间轴
☑ Flash CS4 的工作界面
☑ 编辑区
☑ Flash CS4 的新增工具
☑ Flash CS4 动画文件的创建

Flash CS4 是 Macromedia 公司的主要软件产品之一, 它是矢量图编辑和动画创作专业软件。其强大的动画创作能力, 使其逐渐成为交互式矢量动画的标准。目前, Flash 代表着多媒体技术发展的方向, 尤其在网页制作方面, 已成为网页动画制作的主流软件。不仅如此, Flash 还可以应用于交互式多媒体软件的开发。

1.1 Flash CS4 的发展历程

1999 年 6 月, Macromedia 公司开发了一种用在互联网上动态的、可互动的 Shockwave 电影编辑软件。它可以将音乐、声效、动画及富有新意的界面融合在一起, 以制作出高品质的网页动态效果。

时至今日, Flash 已越来越成熟, 使用范围日益扩大。Flash 版本的发展经历了如下的演变:

FutureSplash (Flash 1.0)→Flash 2.0→Flash 3.0→Flash 4.0→Flash 5.0→Flash MX→Flash MX 2004→Flash 8→Flash CS3→Flash CS4。

纵观当今网络界, 广泛流行的 Flash MTV、有趣的网络游戏, 使网页变得更加绚丽夺目。到 Flash 3.0 推出时, 互联网上就已有大量的 Flash 动画出现; Flash 4.0 的版本已经可以支持 mp3 的音乐格式; Flash 5.0 的诞生, 使 Flash 的编程语言 ActionScript 功能更加强大, 大大提高了其交互性。Flash 与 Dreamweaver、Fireworks 合称为 "网页制作三剑客"。

2002 年 3 月 15 日, Macromedia 公司发布了 Flash MX。它加强了 Flash 5.0 的核心功能, 同时还加强了 ActionScript 的编程功能, 使它可以创建完整的交互式动画及动态站点。2003 年秋推出 Flash MX 2004。Macromedia 为 Flash 加入了流媒体 (flv) 的支持, 使 Flash 可以处理基于 on6v 编解码标准的压缩视频。

2005 年, Flash 发展到 Flash 8.0 版本, 与前面的版本相比, 它具有更强大的功能和灵活性。从 8.0 版本开始, Flash 已不能再被称为矢量图形软件, 因为它的处理能力已发展到了视频、矢量、位图和声音。

　　2007 年和 2008 年发布的 Flash CS3 和 Flash CS4 版本，与 Adobe 公司的矢量图形软件 Illustrator 和被称为业界标准的位图图像处理软件 Photoshop 完美结合在一起，三者之间不仅实现了用户界面上的互通，还实现了文件的相互转换。更重要的是这两个版本的 Flash 支持全新脚本语言 ActionScript 3.0。ActionScript 3.0 是 Flash 历史上的第二次飞跃，从此，ActionScript 被认为是一种"正规的"、"完整的"、"清晰的"面向对象语言。ActionScript 包含上百个类库，这些类库涵盖了图形、算法、矩阵、XML、网络传输等诸多范围，为开发者提供了丰富的开发环境基础。

　　对于网页设计师而言，Flash CS4 是一个完美的工具，用于设计交互式媒体页面或主题相关的专业开发多媒体内容，它强调对多种媒体的导入和控制，针对高级的网络设计师和应用程序开发人员。与前面的版本相比，它具有更强大的功能和灵活性，在创建动画、广告、短片和设置 Flash 站点方面都具有最佳优势。

1.2　Flash CS4 动画的应用领域

　　Flash 软件因其容量小、交互性强、速度快等特性在网页矢量动画设计领域内占有重要的地位。以矢量图像为基础，利用 Flash 建立互联网站，制作各种类型的影片、导航工具、多媒体网站等，同时 Flash 被广泛应用于网络艺术的新兴艺术环境中的多媒体制作中，它赋予网络无限的生命力。

　　Flash 具有跨平台的特性。无论用户处于何种平台，只要安装了支持的 Flash 播放器，就可以保证它们的最终显示效果一致。同 Java 一样，它还具有很强的可移植性。最新的 Flash 还具有手机支持功能，可以让用户为自己的手机设计喜爱的功能。

1. 制作 Flash 网页动画

　　使用 Flash 制作的动画文件适于网络传输，因为其在线播放运用了流式播放技术，即文件下载到一定的进程时，Flash 文件开始播放，剩下的部分将在播放的同时下载。随着网络的逐渐渗透，基于客户-服务器模式的应用设计也逐渐受到欢迎。

2. 制作 Flash 游戏

　　Flash 动画软件是目前制作网络交互动画最优秀的工具，支持动画、声音及交互功能，具有强大的多媒体编辑功能。当前，Flash 游戏中主要涉及中、小型游戏，这主要受限于 CPU 能力和大量代码的管理。

3. 制作 Flash MV

　　Flash 在其他方面也有较为广泛的应用，但以娱乐目的为主，最常见的是 MV 的制作。

4. 制作 Flash 广告

　　Flash 功能的日趋强大和完善，为发展高质量的网络应用提供了较好的解决方案。Flash 通过使用矢量图形和流式播放技术克服了目前网络传输速度较慢的缺点，利用 Flash 制作一款产品的相关广告，会达到一种特殊的宣传效果。

5. 制作动态导航栏

　　现在的网站，查看网页时我们会发现，当光标移到菜单上方时，会显示华丽的效果，同时还会显示子菜单，这就是用 Flash 制作的动态导航栏。虽然使用 JavaScript 也能制作动态导航栏，但无法产生像 Flash 一样华丽而自然的动作。

6．制作 Flash 教学课件

教学课件最能反映 Flash 所内含的功能。最基础的教学课件将教学内容、动画或讲义内容播放为声音文件。自 Flash 应用以来，便实现了交互式的可选性。在教学系统应用 Flash 后，极大的增强了学生的主动性和积极性。

7．制作 Flash 电子贺卡

曾经一度受欢迎的单一的文本或静态电子贺卡，如今已经被 Flash 动态电子贺卡替代了，Flash 可以制作包括多媒体在内的交互式邮件。

8．制作手机动画和应用软件

利用 Flash 还可以制作手机游戏，以及利用 Flash Lite 制作手机中的各种应用软件。

1.3　Flash CS4 软件的应用环境

与大多数应用软件一样，Flash CS4 既可以在 Windows 环境下应用，又可以在 Macintosh 操作系统下运行。在安装时，Flash CS4 对系统有一定的要求。

在 Windows 环境下，一般需要如下配置：

↪ 600MHz Intel PIII 处理器或以上；

↪ Windows 98 SE, Windows 2000，或 Windows XP；

↪ 128MB 内存 （Flash MX 较以前版本，占用内存比较大，建议使用 256MB）；

↪ 190MB 可用硬盘空间。

在 Macintosh 环境下，一般需要如下配置：

↪ 500MHz PowerPC G3 处理器；

↪ Mac OS 10.2.6；

↪ 128MB 内存（建议使用 256MB）；

↪ 130MB 可用硬盘空间。

1.4　Flash CS4 中的基本概念

制作动画，尤其是制作大型动画时，涉及的概念十分多，因此，对这些概念的透彻理解加上合理的技术运用会使得制作更加得心应手。Flash CS4 中涉及的基本概念主要有图像格式、符号和素材等。

1.4.1　矢量图和位图

计算机显示的图片有矢量图和位图两种图像格式。正确理解这两种不同图像格式之间的差异，能更好的设计图片和创建 Flash 动画。

1．矢量图形

矢量图形是用包含颜色和位置属性的直线或曲线公式来描述图像的，它与分辨率无关。

对矢量图形的编辑，就是在修改描述图形形状的属性。它可以移动、缩放、重塑一个矢量图形，包括更改它的颜色，所有这些操作都不会改变该矢量图形的质量。矢量图形具有分辨率独立性，就是说矢量图形可以在不同分辩率的输出设备上显示，却不会改变图像的品质。

相对于位图图像来说，矢量图形存储尺寸较小，下载速度快，但是矢量图形色彩不够丰富，因此多用来绘制单色图片。

如图 1-1 所示的是一张在 Flash CS4 中制作的矢量图。该图片是由很多点组成的，由直线或曲线通过这些点，最后形成笑脸的轮廓，而笑脸图片的色彩是由轮廓的色彩和轮廓包围区域的色彩确定的。无论是拉伸或缩放，都不会影响图片的质量。

2．位图图像

位图图像是以称为像素的彩色点来描绘图像的。编辑位图图像时修改的是像素，而不是直线和曲线，位图图像色彩非常丰富，多用来处理照片或印刷图片，因此存储尺寸较大。由于构成图像的数据被固定在特定大小的栅格里，因而位图图像与图片的分辨率有关。编辑位图图像尤其是缩放位图图像时，由于栅格内的像素被重新分布，将使图像的边缘变得十分模糊，产生锯齿，因此会影响到它的外观品质。如图 1-2 所示，这幅图片是由特定的位置和每个像素的色值来确定的，如同马赛克一样的方式形成图像。

放大 400%

图 1-1　矢量图形　　　　　　　　　　图 1-2　位图图像

提示：在制作 Flash 动画时，应尽量使用矢量图像。若使用了位图图像，也可先转换成矢量图像，然后再编辑，因为位图图像文件太大不适合通过网络进行传输。

1.4.2　符号和素材

符号是可以在影片中重复使用的元素，它包括文字、图形、影片剪辑、声音文件等。使用符号可以缩小文件尺寸，也可以创建交互式影片。在制作 Flash 动画时，由于需要多次重复使用某个元素，则这个元素可以作为符号来处理。当创建一个符号后，它被存在一个符号库中。如果将其放置在场景中或其他符号中时，就创建了它的一个实例，当修改实例的属性时，将不会影响实例所述的符号。

在 Flash CS4 中，用户可以在单独的窗口和当前场景等多种模式下编辑符号。

Flash CS4 提供了多种方法创建动画素材，既可以通过绘画工具直接绘制对象，也可导入由其他程序创建的图像、音频、视频、文本等。

1.5　Flash CS4 的工作界面

启动 Flash CS4 并在其初界面中选择创建文件的类型后，将进入它的主界面。该界面比 Flash 以往的版本更具有亲和力，操作也比以前更方便，大大简化了编程过程，还为用户提供了更大的自由发挥空间，其实用性和可操作性更强了。Flash CS4 的工作界面主要由菜单栏、

操作文件目录、动画编辑器面板、时间轴、工具箱、属性面板、编辑区、场景等组成。Flash CS4
的主界面如图 1-3 所示。

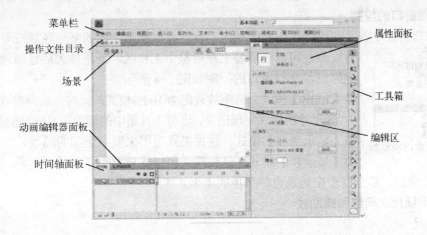

图 1-3　Flash CS4 的界面

一般情况下，使用 Flash 创建或编辑文件时，将涉及以下几个主要的区域。

- ◒ 菜单栏：以下拉菜单的方式显示 Flash CS4 中提供的相关功能命令。
- ◒ 操作文件目录：以选项卡方式显示当前打开文件的目录。通过切换选项卡，可以快速
  移动到相应操作文件。
- ◒ 时间轴：表示动画播放过程中随时间变化的序列。在其中的小四边形方格中依次插入
  要显示的动作，可创建快速连续的动作。
- ◒ 动画编辑器面板：可以更改动作补间的设置、查看图形，以及修改坐标、大小、倾斜、
  滤镜和速度等。
- ◒ 属性面板：根据工具面板中的工具选择情况或场景中的要素选择情况，属性面板会发
  生相应变化。
- ◒ 工具箱：集合制作影片时需要的各种工具。
- ◒ 编辑区：编辑和制作 Flash 影片的区域。
- ◒ 场景：所选帧的操作空间，测试影片时显示该区域。

1.5.1　编辑区

编辑区是 Flash 提供的制作动画内容的区域，所制作的动画内容将完全显示在该区域中。
一般情况下，可以将编辑区分为舞台和工作区两个部分。

编辑区正中间的矩形区域就是舞台。在编辑时，可以在舞台中直接绘制对象或者向其中
放置素材（如图片、影片、声音等内容），舞台区域中显示的内容也就是最终生成的动画影片
里所能显示的全部内容，当前舞台的背景也就是最终影片的背景。

舞台周围的灰色区域则是工作区。在编辑时，工作区里不管放置了多少内容，都不会在
最终的影片中显示出来，因此可以将工作区看作舞台的后台，它是动画的开始和结束点，也
就是角色进场和出场的地方，并且为进行全局性的编辑提供了条件。如果不想在舞台后面显
示工作区，可以选择菜单【视图】→【粘贴板】命令进行取消。

舞台可以放大或缩小，可以通过【文档窗口的控制】下拉菜单对舞台进行调节。在舞台中编辑对象时，为将对象定位在精确位置，还会用到在舞台中显示标尺、网格和辅助线等功能。

1. 文档窗口的控制

文档窗口的控制就是在进行工作的区域内，对已完成或未完成的某一区域或整体区域进

行观察，可以在屏幕上观察整个工作区，或是放大后仔细观察某一特定区域。文档窗口的控制如图 1-4 所示。

⊃【100%】模式：将缩放设定为 100%模式。此时，动画将以最接近实际尺寸的样式呈现出来。这与工具箱中的缩放工具的功能是相同的。

图 1-4　文档窗口的控制

⊃【显示全部】模式：这种模式可用来演示全部的场景。

⊃【显示帧】模式：这种模式可以播放整个显示帧的内容。如果其场景是空的，那么整个空场景也将会播放出来。

2. 使用标尺、网络和辅助线

（1）标尺

标尺一般显示在影片画面顶部和左侧，也可以不显示标尺。显示标尺后，如果要在工作区内移动一个元素，那么元素的尺寸位置就会反映在标尺上。如图 1-5 所示的窗口就是场景窗口中的标尺。

图 1-5　标尺窗口

显示或隐藏标尺的方法是：选择或取消【视图】→【标尺】命令，或者按 Ctrl+Alt+Shift+R 键。

（2）网格

网格是显示或隐藏在所有场景中的绘图栅格。它可以理解为，在做团体表演时人们在场地上画出的站位点，如图 1-6 所示。

控制网格操作的方法如下。

⊃ 显示或隐藏网格的方法是从菜单中选择或取消选择【视图】→【网格】→【显示网格】命令或者按 Ctrl+'键。

⊃ 如果选择了【视图】→【贴紧】→【贴紧至网格】命令，那么在排版时，舞台中的实例可以吸附到网格的交叉点上。

⊃ 如果觉得网格的排列过于稀疏或拥挤，可以选择【视图】→【网格】→【编辑网格】命令，在弹出的【网格】对话框中编辑网格间的尺寸等，如图 1-7 所示。

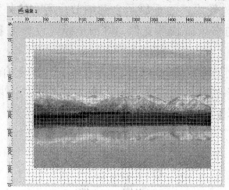

图 1-6　网格　　　　　　　　　　　　图 1-7　【网格】对话框

（3）辅助线

辅助线也可用于实例的定位。从标尺处开始向舞台中拖动鼠标，即会拖出一条绿色（默认）的直线，这条直线就是辅助线，如图 1-8 所示。不同的实例之间可以用这条线作为对齐的标准。用户可以移动、锁定、隐藏和删除辅助线，也可以将对象与辅助线对齐，或者更改辅助线颜色和对齐容差。

控制辅助线的方法如下。

⊃ 如果希望显示或隐藏辅助线，可以选择【视图】→【辅助线】→【显示辅助线】命令或取消对其选择。

⊃ 如果希望实例与辅助线对齐，可以选择【视图】→【贴紧】→【贴紧至辅助线】命令。

⊃ 不再需要辅助线时，可以将其删除，方法是使用"选择工具"将辅助线拖到水平或垂直标尺外部。

⊃ 选择【视图】→【辅助线】→【编辑辅助线】命令可以在弹出的【辅助线】对话框中进行辅助线参数的设置，如辅助线的颜色、辅助线的显示、对齐、锁定等，如图 1-9 所示。

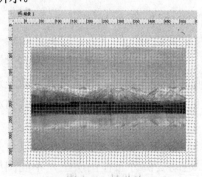

图 1-8　辅助线　　　　　　　　　　　图 1-9　【辅助线】对话框

3. 使用文档窗口选项

在文档窗口中，可以使用文档窗口选项控制文档的加速显示。加速显示的命令位于【视图】→【预览模式】子菜单中。一般情况下，显示动画需要耗费较多内存，因而在加速显示时，Flash 可以关闭描述性的实例图形，这样便可以避免由于多余的计算量而造成的影片播放速度的降低。

下面介绍在【视图】→【预览模式】与菜单中的几种加速显示的方法。

⊃【轮廓】：在这种模式下将只显示对象的外轮廓，而不显示全部细节，所有的外型线均是以细实线显示的。例如，打开"可爱的小花猫.fla"文件，将预览模式设置为【轮廓】模式后，文件显示如图 1-10 所示

⊃【高速显示】：在这种模式下，系统将关闭消除锯齿的成分，显示出图形中的所有颜色和线形。这是在平时使用较多的模式，也是系统默认的模式。例如，仍然以"可爱小花猫.fla"文件为例，将预览模式设置为【高速显示】模式后，文件显示如图 1-11 所示。

图 1-10　轮廓模式   图 1-11　高速显示模式

⊃【消除锯齿】：在这种模式下，对象在打开后还带有线条、阴影、元件等设置的消除锯齿成分，阴影和线条在显示上是光滑的。这种操作的速度要明显地优于普通模式下的速度。建议使用消除锯齿模式的用户，采用至少具有 16 位或 24 位的显卡。

⊃【消除文字锯齿】：这种模式除了可以保持图形的边缘平滑之外，还可以保持文字的边缘平滑。此命令处理较大的字体时效果最好，如果文本数量过多，则速度会减慢。

⊃【整个】：这种模式将完全呈现舞台上的所有内容。此设置可能会降低显示速度。

❋ 当有些图形线条较混乱时，使用【轮廓】命令也会使较简单的场景复杂化，因此制作动画时应该有选择地对其使用。

1.5.2 　【时间轴】面板

【时间轴】面板默认情况下位于【属性】面板左侧及编辑区的下方。时间轴中除了时间线外还有一个图层管理器。两者配合使用，可以在每一个图层中控制动画的帧数和各帧的效果。使用时间轴是 Flash 制作动画的一大特点，在过去通常要绘制出每一帧的图像，或是通过程序来制作动画，而 Flash 使用关键帧技术，通过对时间轴上关键帧的操作，Flash 会自动生成运动中的动画帧。

【时间轴】面板中的每个小方格均表示 Flash 影片中的一帧，一个影片中可以有几条并行的时间线，每一条时间线都对应一个运动的实例。运动实例分布在图层上，不同图层上的实例相互独立，其运动互不影响。在时间轴的上面有一个红色的线，那是播放的定位磁头，拖动磁头也可以实现动画的播放和预览。

在 Flash 中，时间轴用于组织和控制图层及帧。其最重要的组成部分就是帧和图层，【时间轴】面板如图 1-12 所示。如果要改变帧的显示效果，可以从主程序窗口中通过拖动时间轴来进行操作。在【时间轴】面板中，左侧是对图层的描述，右侧是与之相对应的时间轴。当

设置图层的时间轴长度超过自身所能显示的范围，用户便可以通过拖动时间轴右下方的水平滚动条来改变时间轴的位置。当图层的数目过多以至于无法全部显示时，也可以用同样的方法拖动时间轴右侧的垂直滚动条来进行调整。

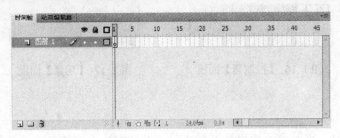

图 1-12　【时间轴】面板

1.5.3　工具栏

在 Flash CS4 中，系统提供了三个工具栏，即【主工具栏】、【编辑栏】和【控制器】。它们都通过【窗口】→【工具栏】菜单命令来显示或关闭，如图 1-13 所示。

【主工具栏】一般出现在操作界面的上方，但也可依照用户自己的喜好放在其他位置，如图 1-14 所示。

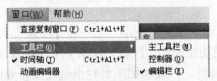

图 1-13　选择工具栏

图 1-14　主工具栏

【编辑栏】一般出现在编辑区的上方，如图 1-15 所示。

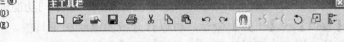

图 1-15　编辑栏

- ➲ "转到前一个"按钮：在要素内部可以插入多个阶段的要素。用于跳转到前面阶段。在位于最前面的要素中，该功能处于非激活状态。
- ➲ "场景名称"按钮：分不同场景制作影片时，显示当前操作场景的名称。
- ➲ "编辑场景"按钮：显示所有场景的目录，可选择并切换到相应操作区域。
- ➲ "编辑元件"按钮：显示所有元件的目录，选择元件时，可以切换到相应操作区域。
- ➲ "调整场景大小"下拉选择框：为了方便操作，可以根据实际需要放大或缩小场景。

【控制器】面板可以通过选择【窗口】→【工具栏】→【控制器】命令打开，如图 1-16 所示。它可以依照用户的喜好放在操作界面任意位置。

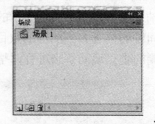

图 1-16 【控制器】面板　　　　　　　　图 1-17 【场景】面板

1.5.4　场景

Flash 中的场景，类似于电影里的分镜头，一个精彩的动画就是由几个相互联系、而又性质不同的分镜头之间的组合和互换构成的。一般比较大型的动画和复杂的动画经常使用多场景，在 Flash CS4 中，通过场景面板对场景进行控制。可以通过【窗口】→【其他面板】→【场景】（或按 Shift+F2 键）命令打开【场景】面板，如图 1-17 所示。

　⮩ "复制场景" 按钮⬛：复制当前场景。
　⮩ "新建场景" 按钮⬛：添加一个新的场景。
　⮩ "删除场景" 按钮⬛：删除当前场景。

1.5.5　工具箱

在 Flash CS4 中，工具箱为用户提供了各种工具来绘制和编辑图形，它主要分绘图工具、视图调整工具、颜色修改工具和选项设置工具四个不同功能的选项区域，如图 1-18 所示。执行【窗口】→【工具】命令，可以打开或隐藏绘图工具栏。一般绘图工具栏出现在操作界面的左边，用户也可以依照自己喜好把它放在其他位置。

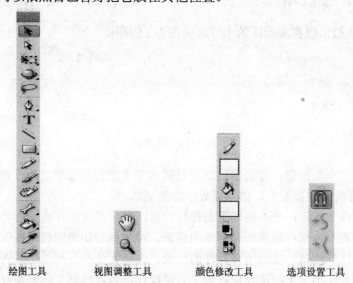

绘图工具　　　　视图调整工具　　　颜色修改工具　　　选项设置工具

图 1-18　工具箱

"箭头工具" ▨：能够选择和移动舞台中的对象，对对象的大小和形状进行改变。
"部分选取工具" ▨：从选择的对象中再选择部分内容。

"任意变形工具" ▦：使用此工具能对图形进行缩放、扭曲和旋转变形。

"3D 旋转工具" ▧：用于沿着 X、Y、Z 方向旋转所选要素。

"套索工具" ▧：用于选择多个对象或不规则图形区域。

"钢笔工具" ▧：用于绘制精确、光滑的曲线，调整曲线的曲率等。

"文本工具" T：用于创建和编辑文字对象和文本表单。

"线形工具" ＼：用于绘制直线的工具，在【属性】面板中可以设置直线的属性。

"矩形工具" ▢：主要用于绘制矩形、椭圆、圆形、正方形和多角形。

"铅笔工具" ✎：用于绘制任意形状的曲线矢量图形。

"刷子工具" ✎：用于绘制任意形状的色块矢量图形。

"Deco 工具" ✐：用于创建背景或特定要素的模板。

"骨骼工具" ✐：用于在对象中创建骨骼和关节的工具。

"颜料桶工具" ▧：用于填充封闭区域，使用此工具能改变填充色块的色彩属性。

"滴管工具" ✐：用于复制一个对象的填充和笔触的颜色属性，或在作为填充的位图上取样。

"橡皮擦工具" ✐：使用此工具擦除工作区中正在编辑的对象。

"手形工具" ✋：用于在画面内容超出显示范围时调整视窗，以方便在工作区中的操作。

"缩放工具" ⚲：用于对正在编辑的图形尺寸进行调整，以获得比较合适的画面比例。

"笔触颜色" ▢：用于选择图像边框和线条的颜色。

"填充颜色" ▢：用于选择图形中要填充的颜色。

"黑白" ▣：单击该选项，返回 Flash 的默认颜色设置（黑、白两色）。

"交换颜色" ▤：单击该选项，将笔触颜色与填充颜色相交换。

1.6　Flash CS4 中的新增工具

1. 3D 旋转工具

使用该工具可以沿着 X、Y、Z 方向旋转所选要素。将该工具运用到补间动画中时，可以使运动要素进行 3D 旋转，如图 1-19 所示。

2. Deco 工具

该工具用于创建背景或特定要素的模板。使用该工具可以沿着 X、Y、Z 轴方向调整所选要素的大小和位置。选择 Deco 工具，然后单击场景，会看见创建出的树枝、树叶和花朵，如图 1-20 所示。也可以更改树叶和花朵。

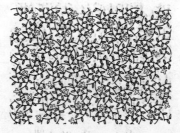

图 1-19　3D 变形　　　　　　　　　图 1-20　Deco 工具

3．骨骼工具

使用骨骼工具可以对对象进行反向运动。反向运动是一种使用骨骼的关节结构对一个对象或彼此相关的一组对象进行动画处理的方法。

4．绑定工具

绑定工具与骨骼工具一起使用，用于连接骨骼的关节处和要素的特定支点，如图 1-21 所示。可以将其看作连接骨骼和肉的工具。由于关节和特定支点相互连接，关节和要素会做相同的运动。该工具只能应用于具有分离属性的对象。

5．喷涂刷工具

该工具的使用类似于粒子喷射器，可以在舞台上"刷"出形状图案。选择喷涂刷工具，然后在场景中单击并进行拖动，可以看到利用喷涂刷工具喷涂出特定要素的效果，如图 1-22 所示。

图 1-21　骨骼工具与绑定工具的应用　　　　　图 1-22　喷涂刷工具效果

1.7　Flash CS4 中动画文件的操作

任何一个动画的创建都是从新建文件开始的，与 Flash 以往的版本相比，Flash CS4 功能更加强大，并且这种飞跃幅度相当大。

1.7.1　了解 Flash CS4 的欢迎屏幕

在启动 Flash CS4 软件或关闭所有操作文件时，会显示欢迎屏幕，如图 1-23 所示。在欢迎屏幕中，可以快速跳转到所需要的操作环境。

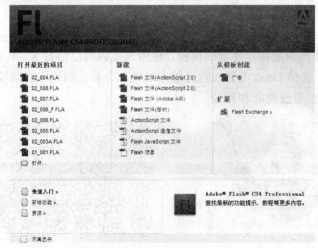

图 1-23　欢迎界面

1．打开最近的项目

一些最近操作的文件目录会显示在【打开最近的项目】栏内，单击栏内的某个文件便会将其打开。或单击【打开】文件夹图标，弹出【打开】对话框，可在其中选择要打开的文件。

2．新建

选择新建 Flash 文件的类型。编辑语言可以选择 ActionScript 3.0 或 ActionScript 2.0。

3．从模板创建

创建 Flash 文档时最常用的模板目录。

4．扩展

链接到 Flash Exchange 网站，可下载辅助应用程序、扩展功能及了解相关信息。

5．不再显示

如果不想在启动 Flash 时显示欢迎屏幕，选择【不再显示】复选框即可。要显示欢迎屏幕时，执行【编辑】→【首选参数】命令，弹出【首选参数】对话框，在【常规】选项卡的【启动时】下拉列表中选择【欢迎屏幕】即可，如图 1-24 所示。

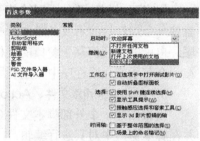

图 1-24　选择显示欢迎屏幕

1.7.2　创建 Flash 动画文件

在 Flash CS4 中，对作品的操作包括很多方面，但最基本的操作主要有新建文件、保存文件等。

在 Flash 中创建新的文件，可以有两种方法。一是直接执行【文件】→【新建】命令，二是在启动 Flash CS4 时，从【欢迎屏幕】的【新建】区域选择【Flash 文件】选项，就可以创建新的动画文件了。选择【文件】→【新建】命令后，会弹出【新建文档】对话框，如图 1-25 所示。

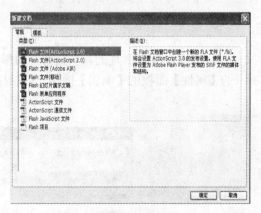

图 1-25　【新建文档】对话框

在【新建文档】对话框的【常规】选项卡中选择任一项目，将在面板右边的【描述】列表框中显示当前选择对象的相关信息。

1．Flash 文件

单击 Flash 文件（ActionScript 3.0）、Flash 文件（ActionScript 2.0）、Flash 文件（Adobe AIR）或 Flash 文件（移动）选项之一，将在 Flash 文档窗口中新建一个 Flash 文档，这时将进入以后频繁使用的动画编辑主界面，如图 1-26 所示。

图 1-26　动画编辑主界面

2．Flash 幻灯片演示文稿和 Flash 表单应用程序

用户可以创建两种不同的基于窗口的文档：一个是 Flash 幻灯片，适用于有顺序的内容，就像一个幻灯片演示或多媒体播放；另一个是 Flash 表单应用程序，包括丰富的因特网应用程序。也可以在任何基于窗口的文档中混合使用幻灯片多窗口环境和表单的多窗口环境，从而在一个演示或应用程序中分别利用两者的优势功能，创建更多的复杂文档。

3．ActionScript 文件、ActionScript 通信文件和 Flash JavaScript 文件

用来创建一个外部脚本文件（.as）、外部脚本通信文件（.asc）或外部 JavaScript 文件（.jsf），并在脚本窗口中对其进行编辑。

4．Flash 项目

用来创建一个新的 Flash 项目文件（.flp）。使用 Flash 项目组合相关文件（.fla，.as，.jsff 及媒体文件），为这些文件建立发布设置，并实施版本控制选项。

1.7.3　设置文件属性

新建一个 Flash 影片文件后，需要设置该影片的相关信息，如影片的尺寸、播放速率、背景色等。单击如图 1-27 所示的【属性】面板的【编辑】按钮，可以打开如图 1-28 所示的【文档属性】对话框。

图 1-27　【属性】面板

图 1-28　【文档属性】对话框

➲【尺寸】：影片的尺寸。在"宽度"和"高度"文本框中输入影片文件的宽度和高度。默认尺寸为 550 像素×400 像素；最小尺寸是 18 像素×18 像素；最大尺寸是 2880 像素×2880 像素。

➲【匹配】：选中【打印机】单选按钮后，会使影片尺寸与打印机的打印范围完全吻合；

选中【内容】单选按钮后，会使影片内的物体大小与屏幕完全吻合。

⊃ 【背景颜色】：设置影片的背景颜色。单击该按钮可以从色彩列表中挑选一种色彩。

⊃ 【帧频】：设置影片的播放速率，即每秒钟显示的帧的数目，对于网上播放的动画，8～12fps 就足够了。

⊃ 【标尺单位】：选择标尺的单位。可用的单位有像素、英寸、点、厘米和毫米。

⊃ 【设为默认值】：单击此按钮可以将当前设置保存为默认值。

设置完成后，单击【确定】按钮即可。

1.7.4　保存文件

动画制作完成后要进行保存，选择【文件】→【保存】命令，可以将动画保存为“.fla”的 Flash 源文件格式。也可以选择【另存为】命令，在弹出的【另存为】对话框中设置【保存类型】为“Flash CS4 文档”，扩展名为“.fla”，然后单击【保存】按钮进行保存。

所有的动画源文件的格式都是“.fla”，但是如果将其导出，则可能是 Flash 支持的任何格式，默认的导出格式是“.swf”。

小结

本章向读者介绍了 Flash CS4 中的整体界面，实际应用中使用最频繁的是 Flash 中的各种面板。对照所截取的大量图例，介绍了 Flash CS4 中的基本操作和一些在开发过程中应该注意的要点。另外，Flash CS4 能够创建并转换矢量图形，并且支持流式媒体文件的播放。通过本章的学习，应初步熟悉了 Flash CS4，以及 Flash CS4 动画设计过程中所涉及的一些基本概念，如矢量图形、位图、符号和元素等。还应了解 Flash CS4 中的新增工具。

Flash CS4 强大的动画编辑功能使设计者可制作出高品质的动画，并且非常方便在互联网上传播，如此多的优点，使得 Flash CS4 成为众多二维动画设计师的首选工具软件。

习题

一．填空题

1. 计算机显示的图片一般有_____和_____ 两种图像格式。

2. 用 Flash CS4 绘制的图形是_____。

3. 通过_____命令可以显示工具箱，也可以直接按快捷键_____来显示工具箱。

4. 在工具箱中，_____工具能选择和移动舞台中的对象，能对对象的形状和大小进行改变。

5. 在任何时候，要把所选工具改变为手形工具，只需要按键盘上的_____键。

6. 执行_____可以设定网格的显示颜色及是否显示网格选项。

7. Flash 影片的源文件格式为_____。

二．简答题

1. 简述矢量图形与位图图形之间的主要区别。

2. 简单的描述 Flash CS4 有哪些新增工具。

3. 试着说出几种主要面板，并简述它们的功能及用法。

第2章 图形编辑

本章要点:

☑ Flash CS4 绘图工具栏
☑ 基本图形的绘制与编辑
☑ 图形颜色的选择与编辑
☑ 图形对象的对齐及组合操作
☑ 图形对象的变形及其他整体处理

Flash 中的绘图工具可以为影片中的艺术作品创建和修改图形,在进行 Flash 的绘图与着色之前,理解 Flash 绘图工具的工作方式,以及绘制、着色和修改图形操作对同一图层中其他图形的影响,是非常重要的一步。

2.1 绘图工具

在 Flash CS4 中,图形的编辑主要涉及基本的图形绘制、颜色的调整、图形对象的整体处理及对图形的变形操作等,利用 Flash 工具箱中的工具可以完成这些操作。Flash CS4 一共提供了十余组二十余种绘图工具,工具箱中的工具依功能可以划分为绘图、视图调整、颜色修改、选项设置等。

2.1.1 钢笔工具

使用"钢笔工具" 🖋 时,利用锚点和正切手柄可以精确绘制直线和曲线。在工具箱中选择钢笔工具后,在场景中单击会生成锚点。再次单击场景的另一处,会生成新的锚点,且两个锚点会连接起来。通过这种方法可以创建相连的曲线,如图 2-1 所示。

如果想绘制曲线,再次单击场景的某一处,然后向下拖动,会添加新的锚点,同时还会生成正切手柄(即处于切角状态下的控制手柄)。拖动光标后,在单击的状态下向上拖动,可以绘制如图 2-1 所示的曲线。使用这种方法可以绘制各种曲线。不管在任何状态下,拖动最后一个锚点都可创建正切手柄。

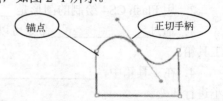

图 2-1　用锚点和正切手柄绘制直线和曲线

　　🐾　如果不想继续使用钢笔工具创建锚点,双击最后一个锚点或按下键盘上的 Esc 键即可。此外,单击第一个锚点,在最后一个锚点和第一个锚点间生成曲线,然后会显示不相连的新锚点。

1. 与钢笔工具同时使用的三种快捷键

正常情况下,单击锚点,会丢失正切手柄信息,从而将曲线变为直线。拖动锚点,会生成新的正切手柄，连接线会变为曲线。

　　按住 Shift 键进行拖动，可以按照直线或 45°角拖动正切手柄。正切手柄以锚点为中心，由两条曲线构成，曲线末端有锚点，可以调整两侧的曲线。

　　按住 Alt 键，拖动锚点，将只对一侧曲线产生影响。

　　按住 Ctrl 键可对锚点和正切手柄做以下操作：

　　（1）可更改锚点的位置；

　　（2）拖动正切手柄可以更改曲线的形状；

　　（3）可调整曲线的整体大小和倾斜度；

　　（4）可更改曲线的位置；

　　（5）拖动正切手柄可更改两侧曲线；

　　2．添加锚点工具

　　使用添加锚点工具可以在锚点之间添加新的锚点。在添加新锚点的同时会显示正切手柄，可更改曲线。按住 Alt 键，可删除锚点。

　　3．删除锚点工具

　　使用删除锚点工具可以删除不必要的锚点。按住 Alt 键，可添加锚点。

　　4．转换锚点工具

　　使用转换锚点工具调整锚点和正切手柄可以细致地修改要素。拖动锚点会生成新的正切手柄，曲线会发生变化。拖动正切手柄的锚点，可以对一侧曲线进行变形。按住 Alt 键，可以在维持现有曲线的同时添加新的曲线。

2.1.2　直线工具

　　和 Flash 以前的版本一样，Flash CS4 绘制直线也是用"线条工具"来绘制。通过执行【窗口】→【工具】命令，或者使用 Ctrl+F2 键可以打开工具箱。有关工具箱中的工具在第 1 章有所说明。在工具箱中，单击"线条工具" \ 按钮，此时移至舞台上的鼠标被切换成"十"符号绘图模式。

　　通过【属性】面板可以设置直线的属性，如图 2-2 所示。在可编辑的场景中按住鼠标左键，拖拽到另一点松开鼠标，一条线条就绘制完成了。

　　➲ "笔触颜色"：用户可以此为线条选择一种颜色，Flash CS4 的调色板可以设置其 Alpha 值和不可填充色。

　　➲ 【样式】：在下拉列表中可以选择不同的线条样式，如实线、点状线、斑马线等。

　　➲ 【笔触】：可以直接输入数字，也可通过调节滑块的方式调节线条的粗细。

　　➲ "编辑笔触样式" ✐：单击该按钮，会打开【笔触样式】对话框，在对话框中可以对直线的属性进行设置，如图 2-3 所示。

　　➲ 【缩放】：设置线条缩放的方向。缩放有四种形式：一般、水平、垂直、无。

　　➲ 【提示】：将笔触锚点保持为全像素，可防止模糊现象。

　　➲ 【端点】：设置直线路径端点的样式，端点有 3 种状态，如图 2-4 所示。

　　　　↳ "无"端点：路径终点没有任何形状。

　　　　↳ "圆角"端点：将路径终点设置为圆形。

　　　　↳ "方形"端点：将路径终点设置为方形。

 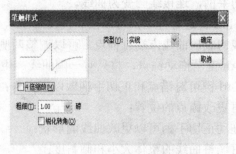

图 2-2   线条工具【属性】面板   图 2-3   【笔触样式】对话框

直线-无端点   直线-圆角端点   直线-方形端点

图 2-4   直线端点的 3 种状态

- ➲ 【接合】：定义两个路径片段的相接方式。接合方式有 3 种：尖角、圆角和斜角。要更改开放或闭合路径中的转角，选择一个路径，然后选择另一个接合选项，如图 2-5 所示。
  - ↳ "尖角"：将两个路径段的相接方式设置为尖角。通过设置"尖角"值还可以调整连接线的粗细。
  - ↳ "圆角"：将两个路径段的相接方式设置为圆角。
  - ↳ "斜角"：将两个路径段的相接方式设置为斜角。斜角方式相接的角如同截过一样。

尖角-尖角值为 1   尖角-尖角值为 3   圆角   斜角

图 2-5   直线接合的 3 种状态

选择工具面板中的绘制工具后，工具面板下端会显示【对象绘制】和【贴紧至对象】选项。可以根据实际需要选择使用。

- ➲ "对象绘制" ⬤：使绘制的对象具有组属性。在菜单栏中选择【修改】→【取消组合】命令或【修改】→【分离】命令，可以取消对象的组属性。
- ➲ "贴紧至对象" ▥：绘制线条时，如果与其他要素之间达到一定距离，就会像磁石一样贴紧至对象。在连接线条和要素时，选择该选项可方便操作。

在使用线条工具绘制直线的过程中，按住 Shift 键，可以绘制出垂直和水平的直线，或者是 45° 倍数的斜线；按住 Alt 键，绘制的线条将以单击处为中心向两侧延伸；按住 Ctrl 键可以暂时切换到选择工具，对工作区中的对象进行选取，当释放按键后又会自动变回到线条工具。

✎ 可在全像素下调整直线锚点和曲线锚点，防止出现模糊的垂直线或水平线。

2.1.3 矩形工具组

矩形工具组中的工具主要用于绘制椭圆、圆形、矩形、正方形和多角星形等。

1. 矩形工具和基本矩形工具

"矩形工具" 🔲：用来绘制矩形或正方形，按住 Shift 键可以绘制出正方形。该工具绘制的图形轮廓分别是由 4 条直线段组成的，利用它也可以绘制出带有一定角度的矩形，而要使用其他工具绘制相同的效果则会非常麻烦。

使用矩形工具的操作步骤如下：

（1）选择工具箱中的 "矩形工具"。

（2）在【属性】面板中设置 "矩形工具" 的绘制参数，包括所绘矩形的轮廓色、填充色、矩形轮廓线的粗细和轮廓类型，如图 2-6 所示

（3）设置好 "矩形工具" 的属性后，就可以开始绘制矩形了。

（4）将光标移至工作区中，当光标变为一个 "十" 字时，按住鼠标左键不放，然后沿着要绘制的矩形方向拖动鼠标，在适当位置释放鼠标左键，工作区中就会自动绘制出一个具有填充色和轮廓的矩形，如图 2-7 所示。

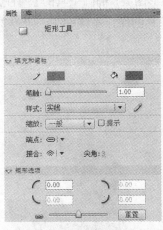

图 2-6　矩形工具【属性】面板　　　　图 2-7　绘制的矩形

除了和绘制线条时相同的属性外，利用矩形工具【属性】面板中的如下选项可以绘制出圆角矩形。

➲ "矩形边角半径" 微调框：可以分别设置圆角矩形 4 个边缘的角度值，范围在 0～999 之间，以 "磅" 为单位。数字越小，绘制的矩形的 4 个角上的圆角弧度就越小。默认值为 0，即没有弧度，表示 4 个角为直角。

⊃【重置】：恢复圆角矩形角度的初始值。

"基本矩形工具" ▭：相对于"矩形工具"来讲，基本矩形工具绘制的是更加易于控制的矩形对象，其使用方法与矩形工具相同。可以通过属性面板更改绘制的矩形。基本矩形工具【属性】面板如图 2-8 所示。绘制的基本矩形如图 2-9 所示。使用"选择工具"可以拖动矩形对象上的锚点，将其变形为多种形状的矩形，使用"选择工具"拖动后的圆角矩形如图 2-10 所示。

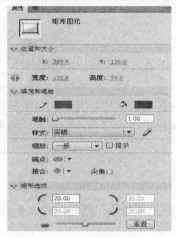  

图 2-8　矩形图元【属性】面板　　图 2-9　绘制基本矩形　　图 2-10　基本矩形变形后的圆角矩形

2. 椭圆工具和基本椭圆工具

"椭圆工具" ⬭：用来绘制椭圆或正圆，按住 Shift 键可以绘制出正圆。通过在属性面板的"椭圆选项"中设置其选项值可绘制出有趣的扇形图案，椭圆工具的【属性】面板如图 2-11 所示。其使用方法与矩形工具相同，可参照矩形工具的操作步骤绘制。如图 2-12 所示是设置过椭圆选项值之后所绘的有趣图形。

图 2-11　椭圆工具【属性】面板　　图 2-12　使用椭圆工具绘制的有趣图形

⊃【开始角度】：设置扇形的开始角度。
⊃【结束角度】：设置扇形的结束角度。

⊃【内径】：设置扇形的内部半径。

⊃【闭合路径】：使绘制的扇形为闭合扇形，不勾选该复选框时，就不应用填充颜色。

⊃【重置】：恢复角度、半径的初始值

"基本椭圆工具" ：与椭圆工具类似，但利用基本椭圆工具绘制更加易于控制扇形对象，同时利用锚点可以对圆进行变形。基本椭圆工具【属性】面板如图 2-13 所示。绘制的基本图形如图 2-14 所示。

图 2-13　基本椭圆工具【属性】面板　　　　　图 2-14　利用基本椭圆工具绘制的图形

3. 多角星形工具

"多角星形工具" ：用来绘制多边形和星星。其使用方法与矩形工具相同。多角星形工具【属性】面板如图 2-15 所示。单击多角星形工具【属性】面板中的【选项】按钮后，可以打开如图 2-16 所示的【工具设置】对话框。

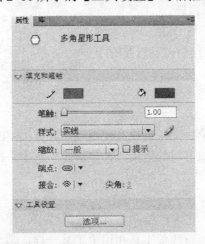

图 2-15　多角星形工具【属性】面板　　　　　图 2-16　【工具设置】对话框

设置好多角星形工具的属性后，就可以开始绘制多角星形了。绘制多角星形的操作步骤与矩形工具相同。通过【工具设置】对话框中【样式】、【边数】和【星形顶点大小】选项可以绘制出不同的图形。图 2-17 所示为绘制的边数为 8，星形顶点大小为 0.3 的星形图案。

图 2-18 所示为边数为 5，星形顶点大小为 0.50 的多边形图案。

    图 2-17   绘制的星形图案   图 2-18   绘制的多边形图案

    🐾   在【工具设置】对话框中，【星形顶点大小】选项仅在绘制星形图案时使用，不会对多边形产生影响。

2.1.4　铅笔工具

    "铅笔工具" ✏ 与线条工具类似，不同之处是，铅笔工具可以绘制自由的线条，使用选项中的绘制模式，可以更自由地绘制直线、平滑曲线和不用修改的手画线条。如果同时按住 Shift 键，则可将线条约束在水平、垂直及 45°角方向。此外，更改工具箱底部铅笔绘画模式中平滑的选项值，可以使线条的弯曲度变得更柔和。铅笔绘画模式如图 2-19 所示。

图 2-19　铅笔绘画模式

- ➲ "伸直" ⌐：可绘制直线，并且可以将三角形、椭圆、圆、矩形、方形强制变为相应的常规几何形状。
- ➲ "平滑" S：可绘制平滑曲线。
- ➲ "墨水" ✒：绘制的自由型线条将基本保持原样。

    利用铅笔工具可以手绘图形，图 2-20 所示便是利用铅笔工具绘制的一只卡通小花猫。可爱吧？用户可以自己动手来绘制自己想要的图形，大家快来动手试试吧！

图 2-20　铅笔工具绘制的
卡通小花猫

2.1.5　刷子工具组

    使用刷子工具组进行绘画的效果与真正的画笔一样，可以方便地绘制各种类型的笔触。使用刷子工具还可以生成多种特殊效果，包括类似书写的效果。在高级压感板上，甚至还可以通过调节指示笔的压力来调节笔触的宽度。

1.　刷子工具

    "刷子工具" 🖌 不同于只能绘制线条的工具，它可以绘制多种样式的线条。使用选项栏中刷子大小和刷子形状选项可改变其线条的样式。与线条工具和铅笔工具一样，刷子工具不使用笔触颜色，而使用填充颜色。

    使用"刷子工具"绘图时，可以使用导入的位图作为填充物。具体实例演示步骤如下。

    （1）在工具箱中选择"刷子工具"。

    （2）选择一种填充色。

（3）单击"刷子模式"按钮 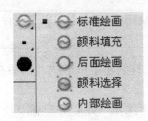，在弹出菜单中选择刷子模式，如图 2-21 所示。

（4）选择如图 2-22 所示的刷子大小、刷子形状，并从刷子工具【属性】面板中选择颜色。

（5）在工作区上进行绘制，如果同时按住 Shift 键，则可将刷子约束在水平或垂直的方向绘图。

图 2-23 所示就是用刷子工具绘制的图形。

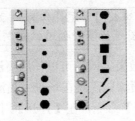

图 2-21　刷子模式　　　　图 2-22　刷子大小和形状　　图 2-23　使用刷子工具绘制的图形

2．喷涂刷工具

"喷涂刷工具"  的作用类似于粒子喷射器，使用它可以一次将形状图案"刷"到舞台上。默认情况下，"喷涂刷工具"使用当前选定的填充颜色喷射粒子点，也可以使用喷涂刷工具将影片剪辑或图形元件作为图案应用。

喷涂刷工具【属性】面板如图 2-24 所示，单击【编辑】按钮，会弹出【交换元件】对话框。在该对话框中选择影片剪辑或图形元件以用作喷涂刷粒子。选择库中的某个元件时，其名称将显示在【喷涂】选项旁边，同时【默认形状】复选框的勾选会自动取消。再次选择【默认形状】复选框后，【喷涂】选项旁边会显示"没有元件"。如果库中没有元件，会弹出如图 2-25 所示的提示框，提示用户添加元件。

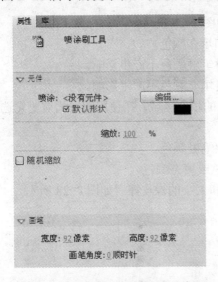

图 2-24　喷涂刷工具【属性】面板

图 2-25　提示添加元件

- 【喷涂】：显示要利用喷涂刷喷涂的元件名称。
- 【默认形状】：喷涂 Flash CS4 中默认提供的形状。使用默认形状时可以更改颜色。
- 【编辑】：选择要应用喷涂刷工具的元件。

- ● 【颜色】按钮：用于设置默认粒子喷涂的填充颜色。
- ● 【缩放】：设置使用形状（元件）的大小。可以更改默认形状的整体大小。但将形状设置为元件后，则可以设置不同的宽度和高度。
- ● 【随机缩放】：指定随机缩入比例将每个基于元件的喷涂粒子放置在舞台上，并改变每个粒子的大小。使用默认喷涂点时，会禁用此选项。

✦ 可以将库中的任何影片剪辑或图形元件作为"粒子"使用。通过这些基于元件的粒子，可以对在 Flash 中创建的插图进行多种创造性控制。

使用喷涂刷工具可以创建喷涂效果，例如可以使用喷涂刷工具创建星星形状，然后在场景中创建夜晚的星空。还可以使用喷涂刷工具在场景中喷涂角色。

（1）选择菜单【文件】→【打开】命令，在【打开】对话框中选择"外星勇士.fla"文件。

（2）将打开的文件中的对象选中，接下来选择菜单【修改】→【转换为元件】命令，弹出【转换为元件】对话框。设置【名称】和【类型】后单击【确定】按钮。

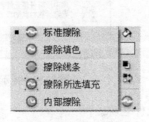

图 2-26　使用喷涂刷工具

（3）选择喷涂刷工具，然后单击喷涂刷工具【属性】面板中的【编辑】按钮，在弹出的【交换元件】对话框中，选择刚才创建的元件，然后单击【确定】按钮。

（4）接下来在场景中单击并拖动，可绘制出如图 2-26 所示的图案。

2.1.6　橡皮擦工具

"橡皮擦工具" ✐：用来擦除对象。但橡皮擦工具无法擦除具有组属性的对象，只能擦除具有分离属性的对象。橡皮擦工具中包含多种选项，使用这些选项，可以更方便地擦除指定对象。

（1）橡皮擦模式 ⟳：用于选择擦除模式，如图 2-27 所示。

- ● 【标准擦除】：该方式可以擦除笔触颜色和填充颜色。
- ● 【擦除填色】：该方式只擦除填充颜色，对笔触颜色不产生影响。
- ● 【擦除线条】：该方式只擦除笔触颜色，对填充颜色不产生影响。
- ● 【擦除所选填充】：该方式只擦除当前所选的填充区域。在使用该方式前要先选择要擦除的填充区。
- ● 【内部擦除】：只擦除选择区域内部，不擦笔触颜色。

（2）"水龙头" ⟐：擦除所有相连的笔触颜色或填充颜色。

（3）"橡皮擦形状" ●：可以选择不同形状和大小的橡皮擦，如图 2-28 所示。

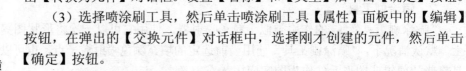

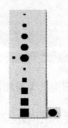

图 2-27　橡皮擦模式　　　　图 2-28　橡皮擦形状

2.1.7　Deco 工具

该工具在第 1 章已做过简单介绍，在此详细介绍该工具的应用。

利用 Deco 工具可以在特定区域中插入图案，并可以将花朵和叶子更改为所需图案。

（1）选择"Deco 工具" ，打开如图 2-29 所示的"Deco 工具"【属性】面板，从【绘制效果】下拉菜单中选择【藤蔓式填充】命令。

（2）在"Deco 工具"【属性】面板中，选择默认花朵和叶子形状的填充颜色。或者单击【编辑】按钮从库中选择一个自定义元件，以替换默认花朵元件和叶子元件之一或同时替换二者。

（3）可以指定填充形状的水平间距、垂直间距和缩放比例。应用藤蔓式填充效果后，还可以更改【属性】面板的【高级选项】选项区中的如下选项，以改变填充图案。

- ⊃ 【分支角度】：应用花朵的茎杆角度和颜色。更改角度后，有可能出现无法真实表现花朵的情况。
- ⊃ "分支颜色"按钮：指定用于分支的颜色。
- ⊃ 【图案缩放】：设置应用模板的大小。该值越小，图案就越密。
- ⊃ 【段长度】：指定叶子节点和花朵节点之间的段长度。
- ⊃ 【动画图案】：在各帧中应用模板的应用过程。在绘制花朵图案时，此选项将创建花朵图案的逐帧动画序列。
- ⊃ 【帧步骤】：可以减少各帧的应用步骤。该值越大，在帧中应用的步骤就越短。

（4）在场景中创建大小适当的圆，然后选择"Deco 工具"并单击圆，应用藤蔓式填充图案。应用效果如图 2-30 所示。

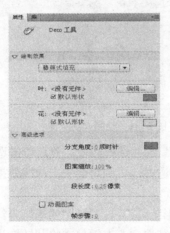

图 2-29　"Deco 工具"【属性】面板　　　　

图 2-30　"Deco 工具"应用图案

　　✎　如果没有圆或其他形状进行约束，将对整个场景应用所设置的图案。花朵形状过大时，显示结果会很呆板。需要显示大量花朵时，最好缩小花朵的大小。

2.1.8　课堂实例演示——利用绘图工具绘制芭蕾舞女孩

（1）新建文件，右键单击舞台，在弹出的快捷菜单中选择【文档属性】，弹出如图 2-31 所示的【文档属性】对话框，在该对话框中将【背景颜色】设置为红色。

（2）单击工具箱中的"铅笔工具"，在其【属性】面板中将其【笔触】调整为 1，并在【样式】下拉菜单中将【样式】设置为【实线】。其他设置使用默认值，如图 2-32 所示。

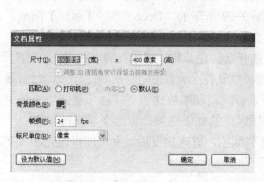
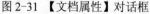

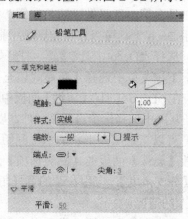

图 2-31　【文档属性】对话框　　　　　　图 2-32　设置"铅笔工具"属性

（3）在背景中间偏上的位置开始绘制，先绘制人物头像，如图 2-33 所示。要注意的是，在绘制过程中，每一笔的起笔点与下一笔的落笔点要尽可能落在同一点上，这样才能使整个线条看起来更为流畅。

（4）接下来绘制人物的身体，如图 2-34 所示。

图 2-33　绘制人物头像　　　　　图 2-34　绘制人物身体

（5）绘制完成后，单击工具箱中的"选择工具"　并选择线段，然后单击选项设置区中的"平滑"按钮　，调整其平滑度。平滑的过程要适度，否则将会失去曲线效果。调整后的效果如图 2-35 所示。

（6）人物头饰的绘制。在工具箱中选择"椭圆形工具"，设置椭圆的笔触为红色，填充为白色，画一个细长的椭圆，如图 2-36 所示。然后将其选定，右键单击将其转换为元件。再选择"任意变形工具"，将其中心点移动到该元件的下端，如图 2-37 所示。

图 2-35　调人物身体曲线　　　图 2-36　绘制椭圆　　　图 2-37　对椭圆应用"任意变形工具"

（7）选择菜单【窗口】→【变形】命令，打开【变形】面板，如图 2-38 所示，设置【旋转】为 30°。设置好后单击【重制选区和变形】按钮，就会得到如图 2-39 所示的图形。

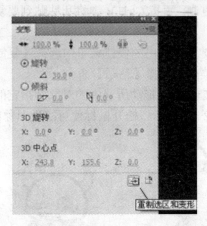

图 2-38　设置【变形】面板　　　　　　　　　图 2-39　头饰图形

（8）单击"工具箱"中的"颜料桶工具" ，为绘制的人物填充颜色。为人物头发填充褐色，衣服和鞋子填充紫色，头发的饰品填充为红色。在【属性】面板中设定"颜料桶"的填充色为肉黄色（#FFFFCD），填充人物的皮肤，如图 2-40 所示。

（9）利用刷子工具绘制人物的阴影部分，并用"颜料桶工具"加以填充，填充色与边框色相同，都是浅灰色（#CCCCCC）。再用刷子工具为人物添加几处高光，高光用白色填充。到此这个芭蕾舞女孩的绘制就完成了，如图 2-41 所示。保存文件，并命名为"芭蕾舞女孩.fla"。

图 2-40　为人物头部填充颜色　　　　　图 2-41　完成稿

2.2　选取工具

选取工具包括"选择工具" 、"部分选取工具" 和"套索工具" 。

2.2.1　选择工具

"选择工具"是所有工具中最常用的，具有选取对象、移动对象、编辑对象 3 种功能。

1. 选取对象

单击鼠标可以选取单个对象，如边线、填充或文本。例如，打开"例子.fla"文件，在工作区中单击鼠标，可以选取边线或填充对象，如图 2-42 所示；双击鼠标可以同时选取边线和填充对象，如图 2-43 所示。

对选取的对象可以进行复制。对象的复制有 3 种方法。

（1）选中要进行复制的对象，按 Ctrl+C 键复制，再按 Ctrl+V 键将其粘贴到要复制到的位置；

（2）选中要进行复制的对象，单击鼠标右键，在弹出的快捷菜单中选择【复制】命令，在要粘贴的位置单击鼠标右键，在弹出的快捷菜单中选择【粘贴】命令。

（3）选中要进行复制的对象，按住 Alt 或 Ctrl 键，拖动所选中的对象到指定的位置，然后发现图形的一定位置会出现一条虚线，如图 2-44 所示。松开鼠标便可实现对象的复制。

图 2-42　单击选择填充　　图 2-43　双击选择填充和边线　　图 2-44　复制对象

选取多个对象有以下 3 种方法。

（1）按住 Shift 键，依次单击所选取的对象。这是个比较精确的选择多个对象的方法。如图 2-45 所示。

（2）在对象的左上角，按住鼠标左键拖动，可以看见屏幕中的矩形选取框，当该选取框将待选对象框在里面时，释放鼠标左键，对象被选中，但利用该方法选择时可能会选中不希望选取的对象，如图 2-46 所示。

（3）如果要选取工作区中每一图层的所有对象，还可以选择菜单【编辑】→【全选】命令，但这种方式不能选中锁定或隐藏图层中的对象；取消所有选择时，可以选择菜单【编辑】→【取消全选】命令。

2．移动对象

首先选取要编辑的对象，然后在对象上按住鼠标左键，便可以在工作区中任意移动，松开鼠标左键，对象就被移动到新的位置。在选择时，要注意填充和边线，如果在填充中单击，移动的就只有填充部分，边线部分不会移动，如图 2-47 所示；如果在填充中双击，则可以同时移动填充和边线。

图 2-45　按住 Shift 键选取多对象　　图 2-46　拖动对象选取对象　　图 2-47　移动填充部分

3．编辑对象

使用选择工具拖动选取对象可以改变线条、轮廓线的形状，当拖动鼠标时，光标的外观会发生相应的变化，光标外观的改变可以指示出线条或填充区发生了何种类型的变化。

利用"选择工具"对线条、轮廓线进行变形有以下几种操作。

（1）当用光标指向未选定的对象边线时，光标会变成 形状，这时，按住鼠标左键并拖拽边线，即可对对象进行编辑，改变边线的曲率。例如，在工作区中用"矩形工具"画一个矩形，经过对右侧边线的拖拽可以得到如图 2-48 所示的图形。

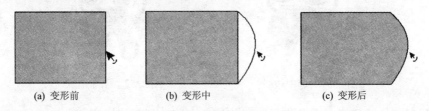

(a) 变形前　　　　　(b) 变形中　　　　　(c) 变形后

图 2-48　拖拽边线进行编辑

（2）当光标指向未选定的对象的一个角点时，光标会变成 形状，这时按住鼠标左键并拖曳角点，则只是改变角点两端线段的长度或曲线的形状，其形成拐角的线段仍然保持为直线，例如，以图 2-48（c）所示图形为例，变形过程如图 2-49 所示。

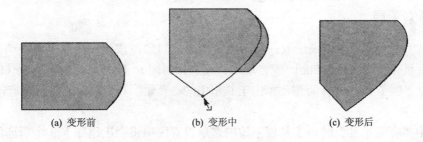

(a) 变形前　　　　　(b) 变形中　　　　　(c) 变形后

图 2-49　拖曳角点进行编辑

（3）　按住 Ctrl 或 Alt 键，同时用鼠标在一线条上拖动，可以生成一个新的角点，例如，仍以图 2-48（c）所示图形为例，变形过程如图 2-50 所示。

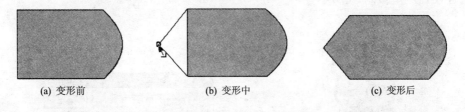

(a) 变形前　　　　　(b) 变形中　　　　　(c) 变形后

图 2-50　拖曳角点进行编辑

2.2.2　部分选取工具

部分选取工具用于抓取、选择、移动和改变图形路径。用部分选取工具选取路径后，可对其中的锚点进行拉伸或修改。当用部分选取工具单击曲线时，被选中的锚点显示为空心的点。

用部分选取工具编辑修改对象时，有以下几种操作。

（1）例如，打开"例子.fla"文件，单击对象的边线，如图 2-51 所示，选中其中一个锚点，则该点变成实心的小方点，按 Delete 键可以删除这个角点，如图 2-52 所示。

图 2-51　选中边线　　　　　　　　　　图 2-52　删除锚点

（2）用鼠标拖动任意一个角点，可以将该角点移动到新的位置。

（3）选中一个角点，用鼠标拖动调节柄，可以调整其控制的线段的曲率。在移动角点时，可以使用方向键精确地移动角点，每按一下，角点会移动一个像素点；如果按 Shift+方向键，则可以每次移动 10 个像素点；在拖动调节柄时，按住 Shift 键，可以使调节柄沿水平、垂直及 45°角等方向移动。

2.2.3　套索工具

"套索工具"可以用来选取任何形状范围内的对象，按住鼠标左键并拖动，绘出要选择的区域（可以不用封闭，Flash 能自动用直线进行封闭）。松开鼠标后，所套住的区域便会被选中。以"例子.fla"文件为例，单击工具箱中的"套索工具"对对象进行选取，如图 2-53 所示。

当选中"套索工具"时，工具栏下边的选项设置区中将会出现如下 3 个新选项。

"魔术棒工具"：主要应用于形状类图形的操作，可以根据颜色的差异选择对象的不规则区域。

"魔术棒设置"：单击该按钮之后，屏幕将弹出【魔术棒设置】对话框，可以在此对魔术棒进行设置，如图 2-54 所示。

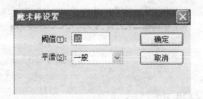

图 2-53　使用"套索工具"选取对象　　　　图 2-54　【魔术棒设置】对话框

⊃【阈值】：用于定义选取范围内相邻像素色值的接近程度，数值越高，可选取范围越宽。如果输入数值为 0，则只有与最先单击的那一点的像素色值完全一致的像素才会被选中。

⊃【平滑】：用于定义选区边缘的平滑程度。其选项包括平滑、像素、粗糙、一般。

"多边形模式" ✌：可以绘制边为直线的多边形选择区域，在顶点处单击以开始，双击以结束。

2.3 颜色工具

Flash 提供了多种方法来应用、生成和修正颜色。也可以对动画中的颜色进行编辑和管理。

当为形状进行笔触着色时，可以选择任意一种单色，也可以选择笔触的样式和大小；为形状进行填充着色时，可以选择单纯颜色、渐变或位图来填充。要注意的是，使用位图填充时，必须先将位图导入当前文件。另外，可以应用透明笔触或透明填充，从而生成没有填充内容的轮廓结构对象，或者没有轮廓线的填充对象。

2.3.1 颜色设置

1. 使用工具箱中的"笔触颜色"和"填充颜色"设置颜色

工具箱中的笔触、填充控制项确定了用户使用绘图、颜色工具创建新对象的着色属性。首先必须选择对象，然后才能用笔触、填充控制项来控制当前对象的着色属性的改变。可以进行以下操作之一，对笔触和填充应用色彩。

（1）单击工具箱中【笔触颜色】或【填充颜色】按钮，弹出如图 2-55 所示的调色板，在调色板中选取色样，对笔触或填充进行着色。

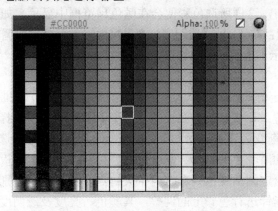

图 2-55　调色板

（2）在如图 2-55 所示的调色板左上角的文本框中，输入十六进制的颜色值，可以设置精确的颜色。比如输入#000000 代表黑色，输入#FFFFFF 代表白色。

🖝　6 位数值其中前两位代表红色，中间两位代表绿色，最后两位代表蓝色，其中从 0～F，该色调所占比例越来越重。

（3）单击调色板中右上角左侧的"无色"按钮▨，应用透明笔触或透明填充。透明笔触和透明填充只能应用于新创建的对象，不能应用于已有的对象，对已有的对象可以采用删除的方法应用透明属性。

（4）单击调色板右上角右侧的"拾色"按钮 ⬤，弹出如图 2-56 所示的【颜色】对话框，在该对话框中，可以选择基本颜色，也可以在右下角相应的文本框中输入对应的数值，还可以自定义颜色，颜色设定好之后单击【确定】按钮。

2. 使用【颜色】面板设置颜色

【颜色】面板可以放置在界面上的任何位置。通常为了操作方便，一般可将其放置在窗口的右侧，与【属性】面板并排放置，如图 2-57 所示。如果【颜色】面板没有打开，可以选择菜单【窗口】→【颜色】命令来打开。

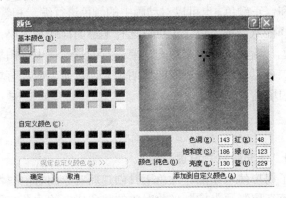

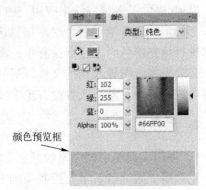

颜色预览框

图 2-56　【颜色】对话框　　　　　　　图 2-57　设置颜色和亮度

可用以下几种方法来设置颜色。

（1）颜色和亮度的设置：用鼠标在颜色区内单击相应的颜色，选好后在右边的色调框中拖动鼠标设定其亮度值，这样所选色彩便会在颜色预览框中显示，如图 2-57 所示。

（2）透明度的设置：在 Alpha（透明度）文本框内输入百分比或调节透明度设置滑杆均可。0 表示全透明；100 表示不透明，为默认值。注意，当 Alpha 为 0 时，颜色的选择没有意义。

（3）RGB 的设置：可以通过定义红色、绿色、蓝色的值来定义一种颜色，只需在相应的 RGB 文本框中输入设定值即可。在十六进制文本框中也可用十六进制数值来定义颜色。

（4）渐变色的设置：在【颜色】面板的【类型】下拉列表中选择"线性"，【颜色】面板变为如图 2-58 所示的渐变色设置界面。要生成所需的渐变色，首先选择已定义好的一种渐变色，同时注意所选取的渐变色的类型。渐变色类型可在【颜色】面板【溢出】下拉列表中选择。一般来说，系统给定的渐变色只含有两个关键点颜色指针，分别位于渐变色定义条的两端。分别单击这两个指针进行色彩上的调整，其颜色、亮度及透明度的设置与纯色设置的操作一致。同时，注意观察生成的颜色效果，如果不能满足需要，可以将光标放到两个关键点颜色指针之间的渐变色定义条上，当光标变为时 ⬛，单击便又会生成一个新的关键点，然后再调节这个关键点的色值，进一步细化颜色渐变过程。如果觉得关键点太多，则可按住鼠标左键将其拖离渐变色定义条即可将其删除。

3. 使用【样本】面板设置颜色

与【颜色】面板一样，【样本】面板可以放置在界面上的任何位置。通常为了操作方便，一般可将其放置在窗口的右侧，与【属性】面板并排放置。如图 2-59 所示。如果【样本】面板没有打开，可以选择【窗口】→【样本】命令来打开。其中定制的颜色有两种类型：单色和渐变色。单击面板右上角的"菜单"按钮■，在弹出的菜单中选择相应的命令控制颜色样本，如图 2-60 所示。

 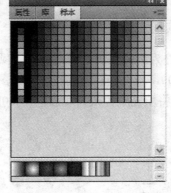 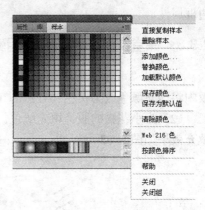

图 2-58 设置渐变色   图 2-59 【样本】面板   图 2-60 样本菜单

2.3.2 颜料桶工具组

颜料桶工具组主要用来进行对象的内部填充和边框填充，包括"颜料桶工具"和"默水瓶工具"。

1．颜料桶工具

颜料桶工具：用来填充封闭区域或未完全封闭的区域的，它既能填充一个空白区域，又能改变已着色区域的颜色，可以使用纯色、渐变和位图填充。

用户可以使用"颜料桶工具"来调节渐变填充、位图填充的大小、方向和中心点。请注意，当用颜料桶来修正位图填充时，所有位图填充的实例都将被修正，而不仅仅是当前选择的位图填充。

另外，如果图形包含多段线条，那么由这些线条组成的封闭区域可以被填充；如果形状不是完全封闭的，也可以填充。视图的放大、缩小，可以改变接口的外观，以实现将非封闭作为封闭区域填充，但并不能改变其实际大小。如果接口过大，仍需要手动来封闭接口。

选中颜料桶工具后，工具栏下边的选项设置区中会出现如下两个新选项。

"空隙大小"○：应用填充时，根据空隙大小决定是否填充颜色。共提供了 4 种大小，如图 2-61 所示。可以根据实际需要选择使用。

  ◆【不封闭空隙】：如果想在填充形状之前手工封闭接口，则选择
    本选项。对于一些复杂绘图来说封闭接口速度会更快些。

图 2-61 空隙大小

  ◆【封闭小空隙】：选中此选项填充有小缺口的区域。

  ◆【封闭中等空隙】：选中此选项填充有中等缺口的区域。

  ◆【封闭大空隙】：选中此选项填充有大缺口的区域。

"锁定填充"：该选项只能应用于渐变。锁定填充后，就不会应用渐变了，渐变之外的普通颜色不会受到任何影响。

2．墨水瓶工具

"墨水瓶工具"：为形状图形添加边框，改变边框颜色、线条宽度、轮廓线及边框线条的

样式，但是只能应用纯色，不能应用渐变色和位图。

使用"墨水瓶工具"时，不必选择单一线条，因此利用它可轻易地一次改变多个对象的边框属性。

2.3.3 课堂实例演示——利用颜料工具组填充图形

（1）以"可爱的小花猫.fla"文件为例，在工具箱中选择"颜料桶工具"，在【属性】面板中将填充颜色改为黄色（#FFFFCD），填充小花猫的皮肤，如图 2-62 所示。

（2）为小花猫的服饰填充颜色。将填充颜色改为浅蓝色（#00FFCB）和红色（#FF0032），填充效果如图 2-63 所示。

图 2-62 填充皮肤   图 2-63 填充服饰

（3）为小花猫的纽扣和头饰填充颜色。将填充颜色改为黑色（#000000）和紫色（#CC00FF）分别用来填充纽扣和头饰，填充效果如图 2-64 所示。

（4）为小花猫的脚填充颜色。将填充颜色改为深黄色（#FFFE65）和浅黄色（#FFFFCD），来填充脚部，填充效果如图 2-65 所示。至此，可爱的小花猫的填充制作完成。

图 2-64 填充纽扣和头饰   图 2-65 填充脚部

2.3.4 滴管工具

"滴管工具" ：用于从各种对象上获得颜色和类型的信息，帮助用户快速得到颜色。

选择"滴管工具"，用鼠标指向笔触时，"滴管工具"光标会自动变为 ，指向填充区时，光标则会自动变为 ，如图 2-66 所示。

Flash CS4 中的滴管工具和其他绘图软件中的滴管工具在功能上有所不同。如果滴管工具吸取的是填充颜色，则会自动转换为颜料桶工具，如果滴管工具吸取的是笔触颜色，则会自动转换为墨水瓶工具。滴管工具没有属性面板，在工具箱的选项区也没有附加选项，它的功能就是对颜色特征进行采集。

图 2-66　使用"滴管工具"

2.4　查看工具

用户在 Flash 中绘图时，除了使用上述的一些主要绘图工具之外，还常常要用到一些在绘图过程中辅助绘图的工具，比如"缩放工具" 🔍、"手形工具" ✋等。

2.4.1　缩放工具

当要编辑的图形过大或过小时，可以利用"缩放工具" 🔍对图形的尺寸进行调整，以获得比较合适的画面比例，在辅助工具中的"缩放工具"有两种状态：放大状态和缩小状态。可以通过以下两种方式实现。

- ⊃ 单击其中一个按钮，再用鼠标单击工作区实现画面的比例变化。
- ⊃ 单击其中一个按钮，再用鼠标在工作区中拉出一个待放大的矩形区域，松开鼠标后，该区域内的图形将放大至整个窗口。

🐾 选择"缩放工具"中的任意一种状态，按住 Alt 键，会自动切换成另外一种状态。

🐾 双击该工具，缩放比率将会回到默认值，即 100%。

2.4.2　手形工具

"手形工具" ✋用于在画面内容超出显示范围时调整视窗，以方便在工作区中的操作。使用"手形工具"移动对象时，表面上看到的是对象的位置发生了改变，但实际移动的却是工作区的显示空间，而工作区上所有对象的实际坐标相对于其他对象的坐标并没有改变，即"手形工具"实际上移动的是工作区的整体。"手形工具"的主要目的是为了在一些比较大的舞台内快速移动到目标区域，显然，使用此工具比拖动滚动条要方便得多。

🐾 双击该工具，画布将会在舞台正中央显示。

小结

本章主要介绍了 Flash 矢量绘图工具的使用。内容包括线条工具、形状工具（矩形、多边形、椭圆）、自由绘制工具（铅笔工具、刷子工具、喷涂刷工具、钢笔工具）、颜色工具（滴管工具、颜料桶工具、墨水瓶工具）、选取工具（选择工具、部分选择工具、套索工具）及辅助绘图工具。

通过本章的学习，用户了解了基本图形的编辑工具和编辑方法。通过课堂实例的演示掌握了这些工具的使用方法和技巧。熟练掌握这些工具的使用是学习 Flash 的关键。在学习和使用过程中，用户应当清楚各种工具的用途，例如绘制曲线时可以使用椭圆工具也可以使用钢笔工具。灵活运用这些工具，可以绘制出栩栩如生的矢量图，为后面的动画制作做好准备。

习题

一、填空题

（1）在使用选择工具时，按住_____键拖动对象，可以复制对象并移动副本。

（2）当使用铅笔工具绘制线条时，按住_____键可以使线条沿水平或垂直方向绘制。

（3）在 Flash CS4 中，要绘制精确的直线或曲线路径，可以使用_____绘图工具。

（4）在铅笔模式中，选择_____选项时，适宜绘制接近手工画出的线条。

（5）在 Flash 中，"刷子工具"的快捷键是_____。

二、简答题

（1）移动舞台中的对象有哪些方法？

（2）颜色的设置可以通过几种方法来实现？

（3）如何在 Flash 中设置透明的渐变效果？

三、上机题

用绘图工具栏中的绘图工具绘制一幅芭比娃娃图像，并运用颜色选项中的填色工具对其着色。色彩尽量保持鲜艳。

第3章 使用文本

本章要点：

- ☑ Flash CS4 中字体的编辑
- ☑ Flash CS4 中文本工具的使用
- ☑ Flash CS4 中文本及文字的格式
- ☑ 文本对象的类型及其应用
- ☑ 文本特效的制作方法与应用
- ☑ 对文本使用滤镜效果

3.1 Flash CS4 字体简介

文本是创建 Flash 影片不可缺少的元素之一，就如同 Word 等文本编辑工具软件一样，涉及文本，就会涉及字体。Flash 中的字体可以根据其应用的属性，将其分为"嵌入字体"和"设备字体"两种。

用户在编辑 Flash 影片的过程中，会使用到系统中安装的字体，Flash 会将该字体信息嵌入 Flash SWF 文件中，从而确保该字体能够在 Flash Player 中正常显示。但不是所有显示在 Flash 中的字体都可以随影片导出，要检查字体最终是否可以导出，可以选择菜单【视图】→【预览模式】→【消除文字锯齿】命令预览该文本，如果出现锯齿则表明 Flash 不识别该字体轮廓，也就无法将该字体导出到播放文件中。假如用户使用了本地机中的特殊字体，而浏览者机器中没有相关字体，并且是不能被嵌入的字体，这样的字体被称作设备字体。设备字体不能嵌入到 Flash 的".SWF"文件中，浏览者机器中的 Flash Player 会使用本地计算机上与设备字体最相近的字体来替换。因为设备字体信息并没有嵌入，所以使用设备字体生成的 Flash 影片文件要小一些。

另外，Flash 允许用户创建自己的字体元件作为共享库项目，可以在【库】面板中创建字体元件。然后给该元件分配一个名称，在以后编辑 Flash 影片过程中可以直接使用它，而无需将字体嵌入影片中。创建字体元件的具体步骤如下。

（1）选择菜单【窗口】→【库】命令，打开存放字体元件的库（有关"库"的具体操作在后续章节将有详细说明）。

（2）从【库】面板右上角的选项菜单中选择【新建字型】，如图 3-1 所示。

（3）在【字体元件属性】对话框中，在【名称】文本框中输入"自建字体"，从【字体】下拉列表中选择【黑体】，如图 3-2 所示。

（4）根据需要，可以选择【样式】选项中的【仿粗体】、【仿斜体】和【位图文本】，以便将选定的样式应用于该字体。在设置字体大小的文本框中设置字体的大小。

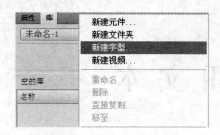 

图 3-1 【库】面板　　　　　　　　　图 3-2 【字体元件属性】对话框

（5）单击【确定】按钮，此时在【库】面板中会出现一个名为"自建字体"的字体元件，如图 3-3 所示。此时在 Flash 中就可以使用称作"自建字体"的字体了。

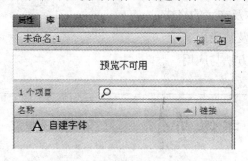

图 3-3 "自建字体"元件

❋　在编辑文本时，可以指定 Flash Player 使用某些特殊的设备字体来显示其他字体文字，这样 Flash 就不会嵌入该文本的字体，从而减小影片文件大小，但这种替代显示只能应用在横向文本中。

3.2　使用文本工具

"文本工具" T 是编辑文本和创建文字对象的必备工具，可以通过文字的【属性】面板来设置文字的字体、大小、颜色等各种与文字相关的属性。

3.2.1　文本输入

选择工具箱中的"文本工具"，或直接按键盘上的 T 键，进行文本的输入。Flash CS4 中的文本输入有如下两种方式。

1．标签方式

以标签方式输入文本，只需将文本工具移到指定的区域单击，标签方式的输入域即刻出现，此时用户可在此直接输入文本，标签方式的输入区域可根据实际需要自动横向延长。标签区域的右上角有一个圆形标志，拖动右上角的圆圈可以增加文本框的长度，如图 3-4 所示。

2．文本块方式

将文本工具的光标移到需要输入文本的区域，按住左键并横向拖动鼠标，当输入区域的宽度满足要求后松开左键。文本块方式输入区域的宽度是固定的，不可以自动延长，但是文本框会根据输入的文本量实现纵向延长。文本块方式的输入区域右上角是一个正方形标志，如图 3-5 所示。

图 3-4　以标签方式输入文本　　　图 3-5　以文本块方式输入文本

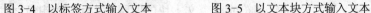

　　👉　用户可以在输入文本的标签方式和文本块方式之间进行相互转换。例如，双击文本块方式输入区域右上角的正方形标志，该标志立刻变为圆形标志，即将文本块方式转换为标签方式。向右拖动标签方式右上角的圆形标志，该圆形标志变为正方形标志，即将标签方式转换为文本块方式。

3.2.2　文字工具的【属性】面板

　　在 Flash CS4 中，选中"文本工具"时，其【属性】面板将出现在工作区右侧，如图 3-6 所示。

图 3-6　文本工具的【属性】面板

　　在【属性】面板的【字符】选项区中可以设置与文本字符相关的属性，其功能介绍如下。

- ➲【文本类型】：设置文本的类型，有 3 个选项，分别为静态文本、动态文本和输入文本。
- ➲【系列】：设置文本的字体。
- ➲【样式】：设置文字的加粗或倾斜效果。
- ➲【大小】：在文本框中输入数值来自行设置字体的大小。
- ➲【颜色】：设置和改变当前文本的颜色。
- ➲【自动调整字距】：选中该项可以对文字间距进行微调，使文字排列更加紧凑。
- ➲【消除锯齿】：设置不同的消除文字锯齿的方式。
- ➲"可选" 🔠：使静态文本或动态文本为用户可选，选择文本后，用户可以复制或剪切文本，然后将文本粘贴到单独的文档中。
- ➲"将文本呈现为 HTML" 🖼：用适当的 HTML 标签保留当前文本格式。

⊃ "在文本周围显示边框" ▣：设置文本字段显示黑色边框和白色背景。

⊃ "切换上标/下标" **T¹ T₁**：设置文字为上标或下标显示效果。

在【属性】面板的【段落】选项区中可以设置与文本段落相关的属性，通过它可以定义段落的缩进、行距、左边距和右边距，如图 3-7 所示。

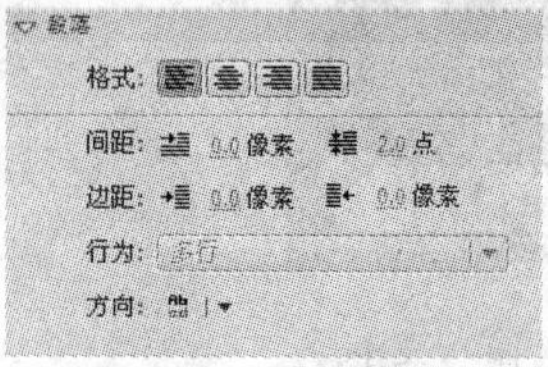

图 3-7　段落设置

⊃【格式】：设置当前段落选择文本的对齐方式。Flash CS4 提供"左对齐"、"居中对齐"、"右对齐"和"两端对齐"4 种方式。

⊃【间距】：该设置会在字符之间插入统一的间隔。可以使用它调整选定字符或整个文本块的间距，也可以在其文本框中输入-60 到 +60 之间的数字，单位为磅。

⊃【边距】：设置文本字段的边框与文本之间的间隔量。

⊃【行为】：设置动态文本或输入文本的行类型，包括单行、多行和多行不换行三种类型。

⊃【方向】：设置当前文本的方向，Flash CS4 提供"水平"、"垂直，从左到右"、"垂直，从右到左" 3 种方向。

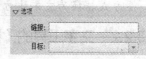

在【属性】面板的【选项】选项区中可以设置和文本链接相关的属性，如图 3-8 所示。

3-8　选项设置

⊃【链接】：将动态文本框和静态文本框中的文本设置为超链接，在其文本框中输入要链接到的 URL 地址。

⊃【目标】：在下拉列表中对超链接目标属性进行设置。

3.3　文本类型

在 Flah CS4 中可以创建三种不同类型的文本：静态文本、动态文本和输入文本，所有文本字段都支持 Unicode 编码。三种文本都可以在"文本工具"【属性】面板的【文本类型】下拉列表中选择。

在 Flash 中可以创建水平文本（从左到右）或垂直文本（从右到左或从左到右）。默认情况下，文本以水平方向创建。可以通过设置首选参数使垂直文本成为默认方向，并设置垂直文本的其他选项。

3.3.1　创建静态文本

创建静态文本时，可以将文本放在单独的一行中，该行会随着用户输入的文本扩展，也可以将文本放在定宽文本块（适用于水平文本）或定高文本块（适用于垂直文本）中，文本块会自动扩展并换行。绘制好的静态文本框没有边框。

对于扩展的静态水平文本块，该文本块的右上角会出现一个圆形手柄，如图 3-9 所示。

对于具有定义宽度的静态水平文本块，该文本块的右上角会出现一个方形手柄，如图 3-10 所示。

对于从左到右扩展的静态垂直文本，会在该文本块的右下角出现一个圆形手柄，如图 3-11 所示。

对于从左到右并且固定高度的静态垂直文本，会在该文本块的右下角出现一个方形手柄，如图 3-12 所示。

图 3-9 可扩展的静态水平文本块

图 3-10 定义宽度的静态水平文本块

图 3-11 从左到右可扩展的静态垂直文本

图 3-12 从左到右固定高度的静态垂直文本

对于从右到左扩展的静态垂直文本,会在该文本块的左下角出现一个圆形手柄,如图 3-13 所示。

对于从右到左并且固定高度的静态垂直文本,会在该文本块的左下角出现一个方形手柄,如图 3-14 所示。

图 3-13 从右到左可扩展的静态垂直文本

图 3-14 从右到左固定高度的静态垂直文本

3.3.2 创建动态文本

动态文本主要是能够动态地显示最新信息,如新闻、天气预报或股票行情等。动态文本框中的内容既可以在影片制作过程中输入,也可以在影片播放过程中动态变化,通常的做法是使用 ActionScript 脚本语言对动态文本框中的文本进行控制,这样就大大增加了影片的灵活性。

创建动态文本框,首先要在舞台上拉出一个固定大小的文本框,或者在舞台上单击鼠标进行文本的输入。绘制好的动态文本框会有一个黑色的边界,文本输入结束后,文本框会以虚线显示。

对于可扩展的动态或输入文本块,会在文本块的右下角出现一个圆形手柄,如图 3-15 所示。

对于具有固定宽度或高度的动态输入文本,会在文本块的右下角出现一个方形手柄,如图 3-16 所示。

图 3-15　可扩展的动态或输入水平文本块　　　图 3-16　定义宽度或高度的动态或输入文本块

3.3.3　输入文本

输入文本字段主要使用在含有表单的影片中，它可以接受用户输入的文本信息，并可以通过网络传输到服务器进行处理。应用输入文本可以使用户在影片播放过程中即时地输入文本。如网络上较多的调查表或信息登记等，均可以使用 Flash 中的"输入文本"实现。

输入文本的创建与动态文本相似，创建方法可参照动态文本的创建。

3.4　建立超链接

Flash CS4 允许在【静态文本】文字对象上建立超链接，其操作步骤如下。

（1）选中"文本工具"，在舞台上某个位置创建要实现超链接的文字。

（2）在【属性】面板中设置好字体、大小、颜色及样式等。

图 3-17　创建链接

（3）选取需要创建超链接的文本文字，然后在【属性】面板的选项区的【链接】文本框中输入链接目标地址，并在【目标】下拉列表中选择"_blank"，表示目标页面将由一个新的空白页面打开，如图 3-17 所示。

3.5　打散文字

要使文字具有多样化的特性，制作各种特效，首先必须将文字对象转换成矢量图形，要注意的是，文字转换成矢量图形后，就无法使用文字工具修改文字了。Flash 可以将矢量图形格式的文字制作成矢量图形特有的多种动画效果。下面以具体的实例来演示打散文字的具体操作步骤。

3.5.1　实例演示 1——位图文字的渐变填充

有时为了描绘彩色的文字，需要在文字上填充渐变色彩效果。此时，就要利用打散文字技术。具体操作步骤如下。

新建 Flash 文档，并将其背景颜色设置成绿色。

在舞台中输入文本"为您打造美好未来"，并设定字体为黑体、颜色为默认黑色。

执行两次【修改】→【分离】命令将文字对象转换成矢量图形，如图 3-18 所示。

用鼠标单击绘图工具栏中的"选择工具"，逐个选中文字对象。如图 3-19 所示，选中了第一个字"为"。

图 3-18　打散后的矢量文字　　　　图 3-19　选中单个矢量格式文字

选中绘图工具栏中的"颜料桶工具"，然后执行【窗口】→【颜色】命令，弹出【颜色】对话框，在其面板的【类型】下拉列表中选择"线性"渐变色，效果如图 3-20 所示，

重复上一步骤，逐个将以上所有文字都实现渐变色。最终的渐变色特效如图 3-21 所示。

图 3-20　为第一个字添加渐变填充效果　　　　图 3-21　渐变填充效果

3.5.2　实例演示 2——荧光文字的制作

下面制作一个荧光文字，它能烘托一种意境。制作方法如下。

（1）执行【文件】→【新建】命令新建一个文档。

（2）执行【修改】→【文档】命令，在【文档属性】对话框中将文档【尺寸】设置为 640 像素×400 像素，将【背景色】设为黑色，如图 3-22 所示。

（3）选择绘图工具栏中的"文本工具"，在【属性】面板中将文字的【颜色】设置为绿色，【系列】设为 Verdana，【大小】设为 120，【样式】设为加粗、倾斜。

（4）在绘图工具栏【颜色】区域中，将【笔触颜色】

图 3-22　【文档属性】对话框

设为黄色，将【填充色】设为墨绿色，如图 3-23 所示。设置完后在舞台中输入文字"empire"，如图 3-24 所示。

图 3-23　颜色区域设置　　　　图 3-24　输入文字

（5）连续两次执行【修改】→【分离】命令，将文字打散。效果如图 3-25 所示。

（6）选择绘图工具栏中的"墨水瓶"工具为文字填充黄色边线。单击文字各个笔画的边缘后，可以看到文字的边缘增加了黄色的线条，效果如图 3-26 所示。

图 3-25　打散后的文字　　　　图 3-26　将文字描边

（7）选择绘图工具栏中的"选择工具"，按住 Shift 键，逐一选取文字的边线色。

（8）执行【修改】→【形状】→【将线条转换为填充】命令，就可以将边缘的所有线条转换为填充。

（9）执行【修改】→【形状】→【柔化填充边缘】命令，在打开的【柔化填充边缘】对话框中，设置如图 3-27 所示的效果。

（10）单击【确定】按钮后，就可以对黄色线条填充物进行柔化，荧光效果如图 3-28 所示。如果将【柔化边缘】对话框中的数据选大一些，荧光文字的荧光边缘就会更宽些，但柔化的时间也会更长。

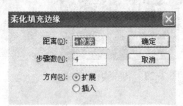

图 3-27　【柔化填充边缘】对话框　　　　　　　　图 3-28　荧光文字效果

（11）执行【修改】→【组合】命令将文字进行组合。

（12）现在开始制作光环效果。执行【窗口】→【颜色】命令，在【颜色】面板的【类型】下拉列表中选择【放射状】选项，进行从中心向四周渐变的填充设置，设置的填充色从左到右依次为：浅红色、次浅红色、白色、深红色和浅红色，如图 3-29 所示。

（13）选择绘图工具栏中的"椭圆工具"，在其【属性】面板中将【填充和笔触】选项区做如图 3-30 所示设置。按住 Shift 键，用鼠标在舞台工作区内绘制一个正圆，如图 3-31 所示。

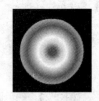

图 3-29　【颜色】面板　　　　　图 3-30　填充和笔触设置　　　　　图 3-31　绘制正圆

（14）选择绘图工具栏中的"箭头工具"，单击绘制的正圆，按以上的方法将绘制的正圆柔化，【柔化填充边缘】对话框中的数据设置如图 3-32 所示。

（15）在【颜色】面板的【类型】下拉列表中选择【线性】选项，进行从左至右渐变的填充设置，设置的填充色从左到右依次为：浅红色、白色和深红色，如图 3-33 所示。

（16）选择绘图工具栏中的"矩形工具"，在舞台中绘制一个细长轮廓线的矩形，使用绘图工具栏中的"部分选取工具"，用鼠标拖拽矩形的右边，使其变尖。并移至正圆光环的右边，如图 3-34 所示。

（17）选择绘图工具栏中的"任意变形工具"，将定位点移至圆形光环的正中心，放大图如图 3-35 所示。居于正中心的中心点就是定位点。

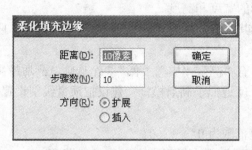

图 3-32　设置【柔化填充边缘】对话框　　　　图 3-33　【颜色】面板

图 3-34　绘制的矩形　　　　　　　　图 3-35　调节定位点

（18）执行【窗口】→【变形】命令，在【变形】对话框中设置旋转角度为 45°，连续单击"重置选区和变形"按钮 7 次，就出现如图 3-36 所示效果。

（19）选中正圆光环和矩形，执行【修改】→【组合】命令将文字进行组合。

（20）单击光环组合图形，按 Ctrl 键用鼠标拖拽进行复制操作，根据需要，可以复制多份，并调节好合适大小后移到荧光文字周围以装饰文字，效果如图 3-37 所示。

图 3-36　变形后的效果　　　　　图 3-37　修饰后的荧光文字

3.6　对文本应用滤镜效果

在 Flash CS4 中新增了很多图形和动画的设置功能，通过使用这些功能，用户可以在 Flash 中轻松快速地创建各种动画效果，这是以往的 Flash 版本所不具备的。滤镜就是其中新增的一项功能。

滤镜其实就是软件所提供的一些特殊效果，通过设置这些效果，可以方便、快捷地得到不同的图形特效。Flash CS4 中共提供了七种不同的滤镜效果：斜角、投影、发光、模糊、渐变发光、渐变斜角和调整颜色。

本章就以文本为例来讲解滤镜效果的应用。选择"文本工具",在舞台中输入文本字段"看我帅吗?",用户也可以根据自己的喜好来设定文本的属性。

3.6.1　投影

投影滤镜可模拟对象向一个表面投影的效果,或者在背景中产生一个形似对象的形状,来模拟对象的外观。滤镜参数如图 3-38 所示。

- ⊃【模糊 X】、【模糊 Y】:设置投影的宽度和高度。
- ⊃【强度】:设置投影的强烈程度。其取值范围为 0%～25500%,数值越大,阴影显示越清晰强烈。
- ⊃【品质】:设置投影的质量级别。有"高"、"中"、"低"3 个选项,品质越高,投影越清晰。把质量级别设置为"高"就近似于高斯模糊。建议把质量级别设置为"低",以实现最佳的回放性能。
- ⊃【角度】:设置投影的角度,取值范围为 0°～360°。
- ⊃【距离】:设置投影与对象之间的距离,取值范围为-255～255 像素。
- ⊃【挖空】:挖空源对象,并在挖空图像上只显示投影。
- ⊃【内阴影】:设置阴影的生成方向指向对象内侧。
- ⊃【隐藏对象】:隐藏对象,只显示其投影。
- ⊃【颜色】:设置投影颜色。

为文本添加投影的效果如图 3-39 所示

图 3-38　投影滤镜参数　　　　　　　　图 3-39　文本添加投影效果

3.6.2　模糊

模糊滤镜可以柔化对象的边缘和细节。将模糊应用于对象,可以让它看起来好像位于其他对象的后面,或者使对象看起来好像是运动的。滤镜参数如图 3-40 所示。

- ⊃【模糊 X】、【模糊 Y】:设置模糊的宽度和高度。
- ⊃【品质】:设置模糊的质量级别。有"高"、"中"、"低"3 个选项,品质越高,模糊效果越明显。把质量级别设置为"高"就近似于高斯模糊。建议把质量级别设置为"低",以实现最佳的回放性能。

为文本添加模糊的效果如图 3-41 所示。

图 3-40　模糊滤镜参数　　　　　图 3-41　文本添加模糊效果

3.6.3　发光

使用发光滤镜可以为对象的整个边缘应用颜色。滤镜参数如图 3-42 所示。

- ●【模糊 X】、【模糊 Y】：设置发光的宽度和高度。
- ●【强度】：设置发光的强烈程度。其取值范围为 0%～25500%，数值越大，发光的显示越清晰强烈。
- ●【品质】：选择发光的质量级别。有"高"、"中"、"低" 3 个选项，品质越高，发光效果越明显。把质量级别设置为"高"就近似于高斯模糊。建议把质量级别设置为"低"，以实现最佳的回放性能。
- ●【颜色】：设置发光的颜色。
- ●【挖空】：挖空源对象，并在挖空图像上只显示发光。
- ●【内发光】：设置发光的生成方向指向对象内侧。

为文本添加发光的效果如图 3-43 所示。

图 3-42　发光滤镜参数　　　　　图 3-43　文本添加发光效果

3.6.4　渐变发光

应用渐变发光滤镜可以在发光表面产生带渐变颜色的发光效果。渐变发光要求选择一种颜色作为渐变开始的颜色，该颜色的 Alpha 值为 0。用户无法移动此颜色的位置，但可以改变该颜色。滤镜参数如图 3-44 所示。

- ●【模糊 X】、【模糊 Y】：设置渐变发光的宽度和高度。

- 【强度】：设置渐变发光的强烈程度。其取值范围为 0%～25500%，数值越大，渐变发光的显示越清晰强烈。
- 【品质】：选择渐变发光的质量级别。有"高"、"中"、"低" 3 个选项，品质越高，渐变发光效果越清晰。把质量级别设置为"高"就近似于高斯模糊。建议把质量级别设置为"低"，以实现最佳的回放性能。
- 【角度】：拖动角度盘或输入值，更改渐变发光投下的阴影角度，取值范围为 0°～360°。
- 【距离】：设置渐变发光与对象之间的距离。取值范围为-255～255 像素。
- 【挖空】：挖空源对象，并在挖空图像上只显示渐变发光。
- 【类型】：设置渐变发光的位置，可以是内侧、外侧或强制齐行。
- 【渐变】：其中的渐变色条是控制渐变颜色的工具，在默认情况下为白色到黑色的渐变色。将鼠标指针移动到色条上，单击可以增加新的颜色控制点，往下拖拽已经存在的颜色控制点，可以删除被拖拽的控制点。单击控制点上的颜色块，会打开系统调色板，可以选择要改变的颜色。

为文本添加渐变发光的效果如图 3-45 所示。

图 3-44　渐变发光滤镜参数

图 3-45　文本添加渐变发光效果

3.6.5　斜角

应用斜角滤镜就是向对象应用加亮效果，使其看起来凸出于背景表面。可以创建内斜角、外斜角或者完全斜角。滤镜参数如图 3-46 所示。

- 【模糊 X】、【模糊 Y】：设置斜角的宽度和高度。
- 【强度】：设置斜角的强烈程度。其取值范围为 0%～25500%，数值越大，斜角的效果越清晰强烈。
- 【品质】：设置斜角的质量级别。有"高"、"中"、"低" 3 个选项，品质越高，斜角效果越明显。把质量级别设置为"高"就近似于高斯模糊。建议把质量级别设置为"低"，以实现最佳的回放性能。
- 【阴影】：设置斜角的阴影颜色，可以在调色板中选择颜色。
- 【加亮显示】：设置斜角的高光加亮颜色，可以在调色板中选择颜色。
- 【角度】：拖动角度盘或输入值，更改斜边投下的阴影角度，取值范围为 0°～360°。
- 【距离】：设置斜角距离对象的大小，取值范围为-255～255 像素。
- 【挖空】：挖空（即从视觉上隐藏）源对象，在挖空图像上只显示斜角。
- 【类型】：设置要应用到对象的斜角类型。可以选择"内侧"、"外侧"或者"全部"选项。

为文本添加斜角的效果如图 3-47 所示。

图 3-46　斜角滤镜参数　　　　　　　　　图 3-47　文本添加斜角效果

3.6.6　渐变斜角

应用渐变斜角滤镜可以产生一种凸起效果，使得对象看起来好像从背景上凸起，且斜角表面有渐变颜色。渐变斜角要求渐变的中间有一个颜色，颜色的 Alpha 值为 0。滤镜参数如图 3-48 所示。

- ⊃【模糊 X】、【模糊 Y】：设置渐变斜角的宽度和高度。
- ⊃【强度】：设置渐变斜角的强烈程度。其取值范围为 0%～25500%，数值越大，渐变斜角的效果越清晰强烈。
- ⊃【品质】：设置渐变斜角的质量级别。有"高"、"中"、"低"3 个选项，品质越高，渐变斜角效果越明显。把质量级别设置为"高"就近似于高斯模糊。建议把质量级别设置为"低"，以实现最佳的回放性能。
- ⊃【角度】：设置渐变斜角的角度，取值范围为 0°～360°。
- ⊃【距离】：设置渐变斜角距离对象的大小，取值范围为-255～255 像素。
- ⊃【挖空】：挖空（即从视觉上隐藏）源对象，并在挖空图像上只显示渐变斜角。
- ⊃【类型】：设置要应用到对象的渐变斜角类型。可以选择"内侧"、"外侧"或者"全部"选项。
- ⊃【渐变】：其中的渐变色条是控制渐变颜色的工具，在默认情况下为白色到黑色的渐变色。将鼠标指针移动到色条上，单击可以增加新的颜色控制点，往下拖拽已经存在的颜色控制点，可以删除被拖拽的控制点。单击控制点上的颜色块，会打开系统调色板，可以选择要改变的颜色。

为文本添加渐变斜角的效果如图 3-49 所示。

图 3-48　渐变斜角滤镜参数　　　　　　　图 3-49　文本添加渐变斜角效果

3.6.7　调整颜色

使用调整颜色滤镜，可以调整对象的亮度、对比度、色相和饱和度。滤镜参数如图 3-50 所示。

➲【亮度】：调整对象的亮度，取值范围为-100～100。

➲【对比度】：调整对象的对比度，取值范围为-100～100。

➲【饱和度】：调整对象的饱和度，取值范围为-100～100。

➲【色相】：调整对象中各个颜色色相的浓度，取值范围为-180～180。

为文本添加调整颜色的效果如图 3-51 所示。

图 3-50　调整颜色滤镜参数　　　　　图 3-51　文本添加调整颜色效果

小结

通过本章的学习，用户了解了 Flash CS4 中文本工具的使用。通过文本工具可以在影片动画中输入文本，并可以自由地设定文本的字体、大小、段落格式等常规属性。另外，通过设定文本的类型，如静态、动态等，可以为交互式动画创建丰富的文本对象。灵活利用滤镜对文本进行特效处理，如投影、模糊、发光等。用户在掌握了以上基本的制作方法后，充分发挥自己的聪明才智，可以创作出更多的有关文本、文字的特殊效果。

习题

一、填空题

1. Flash 中的字体根据其应用的属性，可以将其分为_____和_____两种。

2. Flash CS4 中，文本分为_____、_____和_____三种类型。

3. 在文本【属性】面板的_____选项区中可以调节文本的行距、左右边距、缩进等。

4. 当用户应用了本地机中存在的特殊字体后，而浏览者机器中没有相关字体，这种字体就不能被嵌入，这种字体被称作_____。

5. 执行_____命令或按快捷键_____，可以将整个文本框打散成单个的字。

6. 要检查字体是否可以被导出，可以通过_____命令预览该文本。如果看到明显的锯齿，则表明 Flash 不能识别该字体，而无法导出。

7. Flash CS4 中支持的“文本方向”有_____、_____和_____三种。

二、简答题

1. 创建字体元件的目的是什么？如何创建字体元件？

2. 简述静态文本、动态文本和输入文本的功能特点。

三、制作题

1. 制作一个静态文本，并为相应的文字添加超链接。

2. 利用本章所学知识试制作一个文字特效，要求文字按照汉字书写的顺序，逐笔显示。

3. 制作文字闪光效果，要求文字的边缘颜色不断变化，形成闪光效果。

第 4 章　层和对象的编辑

本章要点:

- ☑ 图层的创建、复制与删除
- ☑ 图层的隐藏、锁定及显示轮廓
- ☑ 管理图层
- ☑ 变形对象
- ☑ 调整对象
- ☑ 对象的编辑

4.1　图层的基本操作

Flash 作为一个炙手可热的动画制作工具，其中最主要的特色之一，就是合理地利用了图层的概念。用户使用图层可以很方便地创作动画，所有的操作都是在图层上完成的。下面就对图层的基本使用方法进行具体讲解。

4.1.1　了解 Flash CS4 中的图层

Flash CS4 中的图层可以看作是相互堆叠在一起的许多透明的纸。若当前图层上没有内容时，用户可以透过当前图层看到下面图层的内容。可以在不影响其他图层内容的情况下，在一个图层上绘制并编辑对象。另外，还可以利用特殊的引导层、遮罩层创建更加丰富多彩的效果。

新创建的影片只有一个图层，用户可以增加多个图层，利用图层来组织安排影片中的文字、图像和动画。

用户可以在任何可视的和未被锁定的图层中编辑对象，可以将图层锁定以防止被意外修改，也可以隐藏图层以保持该工作区域的整洁。

4.1.2　创建与删除图层

在 Flash CS4 中，创建和删除图层的方法很多，下面介绍几种创建与删除图层的方法，用户可以依据自己的习惯选择使用。

新建一个 Flash 文档，默认情况下只有一个图层，即"图层 1"。若要增加一个新的图层，可以执行下列操作之一。

- ⊃ 执行【插入】→【时间轴】→【图层】命令，可以创建新图层。
- ⊃ 单击图层编辑区左下方的插入"图层"按钮┙，可以在当前编辑的图层上方插入一个新的图层。
- ⊃ 在"图层 1"上单击右键，在快捷菜单中选择【插入图层】命令，可以在"图层 1"

的上方创建一个新图层，如图 4-1 所示。

> 新增加的图层将建立在当前编辑层的上方，Flash CS4 会自动将新建的图层命名为"图层 2"，用户可以根据自己的需要对所有图层进行更名。

要删除图层，有如下方法。
- 先选中需要删除的图层，再单击时间轴上的"垃圾桶"按钮🗑。
- 选中需要删除的图层，用鼠标将它直接拖到"垃圾桶"按钮🗑上后松开鼠标。
- 选中需要删除的图层，右击，从快捷菜单中选择【删除图层】命令，如图 4-2 所示。

图 4-1　插入图层

图 4-2　删除图层

4.1.3　选取与复制图层

选取图层也有几种不同的方法，用户可以作参考。
- 单击时间轴上的图层名称可以选取该图层。
- 单击属于该层时间轴上的任意一帧可以选取该图层。
- 在编辑区选取该层中舞台上的对象。
- 要同时选取多个图层，可先按住 Shift 键或者 Ctrl 键，再单击时间轴上的图层名称。按住 Shift 键，可以同时选取连续的多个图层，如图 4-3 所示，是选中"图层 1"后按住 Shift 键再选择"图层 4"的结果。而，按住 Ctrl 键，可以同时选取非连续的多个图层，图 4-4 所示，是选中"图层 1"后按住 Ctrl 键选择图层 4 的结果。

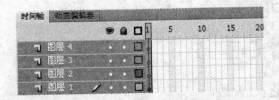

图 4-3　按住 Shift 键选取图层

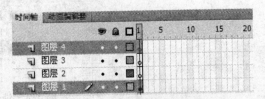

图 4-4　按住 Ctrl 键选取图层

4.2　图层之间的相互关系

通常，大型的 Flash 动画会创建很多个图层来表现内容，它在方便动画制作的同时，也给制作带来了一定的难度，这就要求用户具有非常娴熟的制作技术。因此，加强对图层的掌握、理解图层与图层之间的相互关系就尤其重要了。

4.2.1　图层的叠放顺序

图层就像是相互重叠的透明纸，因此图层的排列顺序将会直接影响对象的显示效果。图层在【时间轴】面板上的顺序确定了它在舞台上对象层叠的方式。在【时间轴】面板中，位于上方图层中的对象总是盖在下方图层中的对象的上面。也就是说，新创建的对象总在当前对象的上方，新创建的对象总会覆盖当前对象。

要想改变图层的叠放顺序，可将鼠标移到要改变图层顺序的层上，按住鼠标左键向上或向下拖动。在拖动过程中，会看到一条黑色的左端带有一个圆圈的实线随着鼠标移动，将该实线移到目标位置后，再松开鼠标左键即可。如图 4-5 所示的是将图层 4 移动到图层 3 下方的显示效果。

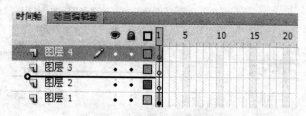

图 4-5　改变图层的叠放顺序

4.2.2　图层的锁定

在编辑动画时，图层会以不同的状态显示。在【时间轴】面板中，带锁的图层代表图层被锁定，将图层锁定后，就暂时不能对该层进行各种编辑了，用户也就不必担心因为误操作会修改该图层的对象，与隐藏图层所不同的是锁定图层上图像仍然可以显示。因此，锁定图层在编辑时十分实用，通常为了防止误操作而锁定非编辑图层。

要锁定（解锁）图层，有如下几种方法。

↪ 单击图层名称右边的锁定栏就可以锁定该图层，如图 4-6 所示。再次单击锁定栏就解除了对该图层的锁定。

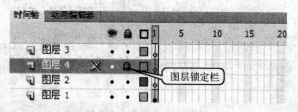

图 4-6　锁定非当前图层

↪ 单击"锁定或解除锁定所有图层"图标🔒或按住 Ctrl 键的同时单击任意图层，可以将所有图层锁定，再次单击锁定图标就解除了对所有图层的锁定。

⊃ 按住鼠标左键在锁定栏上拖动可以锁定多个图层或者将多个图层解锁。

⊃ 按住 Alt 键，再单击当前图层的锁定栏可以锁定除当前图层外的所有其他图层或将所有其他图层解锁。

4.2.3　图层的显示与隐藏

图层的隐藏与显示只代表图层在【时间轴】面板中的一种状态。带红叉的图层代表隐藏图层，处于此状态时，该图层在编辑时看不见，而在测试和输出时可见。图层 1 就是处于隐藏状态，如图 4-7 所示。

图层被隐藏时，在舞台上看不到该层的内容，也不能对它进行任何修改。当编辑某个图层而不想被其他图层所干扰时，就可以使用该功能隐藏其他图层，这样操作起来会十分方便。下面有几种方法供用户参考，用户可以练习它们的用途以找出最方便的多种作图技巧。

图 4-7　图层处于隐藏状态

要显示（隐藏）图层，有如下几种方法。

⊃ 单击图层名称右边的"显示/隐藏所有图层"图标可以隐藏图层，如图 4-8 所示的红色叉号位置，再次单击就可以重新显示图层。

⊃ 单击"显示/隐藏所有图层"图标👁或单击所编辑图层"显示/隐藏所有图层"图标并同时按 Ctrl 键，可以隐藏所有图层，再次单击该图标则重新显示所有图层。

⊃ 选中某个图层眼睛栏，按住鼠标进行上下拖拉，可以显示或隐藏多个图层。

⊃ 按住 Alt 键，再单击某个图层"显示/隐藏所有图层"图标可以显示或隐藏其他所有图层。但不包含这个图层本身。

🐟 若在当前图层上锁定该图层时，该图层并不会被隐藏，所以，在编辑过程中，经常为了避免操作错误或视觉错误，而将某些图层锁定并隐藏。如图 4-8 所示，图层 1 就是处于锁定并隐藏状态。

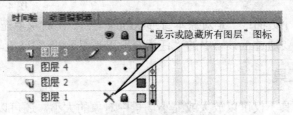

图 4-8　图层处于锁定并隐藏状态

4.2.4　图层的轮廓

在创建图形过程中，为了需要经常会隐藏或锁定某些图层，但有时为了不影响布局的设计，而需要清楚非编辑图层上对象的具体位置、大小等。此时，可以使用【显示所有图层的轮廓】来设置某些图层。此时，在【时间轴】面板上，该图层右边的【显示轮廓】图标就处于某种颜色显亮边框状态。如图 4-9 所示的图层 1 就被显示轮廓。而此时在舞台上，该图层的所有内容将被某种颜色的边框所替代。

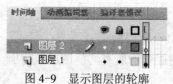

图 4-9　显示图层的轮廓

若需要显示某些图层轮廓，有如下几种方法。

⊃ 单击图层名称右侧的【显示轮廓】图标，即可用轮廓显示该图层上的所有对象，再次单击它可以关闭轮廓显示。

⊃ 单击"轮廓图标" □ 或单击所编辑图层【显示轮廓】图标并同时按住 Ctrl 键，可以显示所有图层轮廓，再次单击该图标则关闭所有图层上的轮廓，重新显示所有图层。

⊃ 按住 Alt 键，再单击某个图层【显示轮廓】图标可以将其他所有图层以轮廓显示。但不包含这个图层本身。再次单击它可以关闭其他所有图层的轮廓显示。

4.2.5　引导层

为了给制作提供帮助，可以创建引导层。所有引导层在该层的名字前边都有一个图标 ，引导层不会在发布后的影片中显示。

要指定引导层，则在绘有辅助图案的图层中单击鼠标右键，从弹出的快捷菜单中选择【引导层】命令即可。如果需要将引导层恢复为普通层，可选取引导层，单击鼠标右键，从弹出的快捷菜单中取消【引导层】命令的选择即可。

4.2.6　图层的属性

图层的属性用来设置图层的名称、图层的类型、图层的轮廓颜色等。打开【图层属性】对话框有两种方式。

⊃ 右击所选图层，在弹出的快捷菜单中选择【属性】命令，弹出如图 4-10 所示的【图层属性】对话框。

⊃ 选择菜单【修改】→【时间轴】→【图层属性】命令，弹出如图 4-10 所示的【图层属性】对话框。

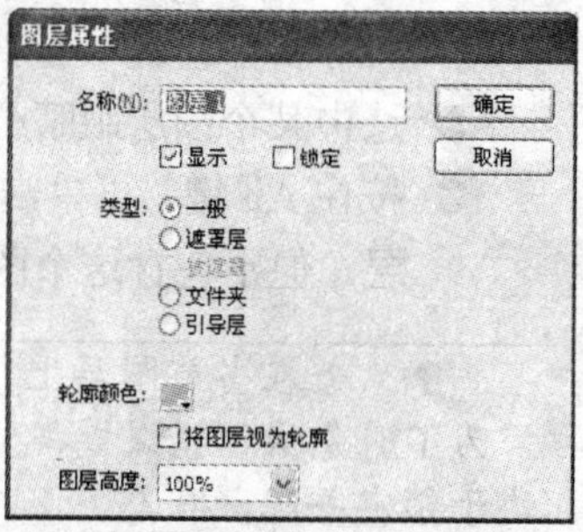

图 4-10　【图层属性】对话框

4.3　变形对象

变形对象包括 3 个方面：一是对象本身形状的改变；二是对象填充属性的改变；三是 3D 旋转和平移。这些主要通过工具箱中的"任意变形工具组"和"3D 旋转工具组"来完成。

4.3.1　任意变形工具

使用任意变形工具不仅可以放大或缩小场景中对象的大小，还可以旋转对象。以"小花猫.fla"文件为例，单击"任意变形工具"，选中整个图形对象，如图 4-11 所示。

① 更改大小：拖拽位于变换框四角的控制手柄，可以以任意方向调整对象大小，而拖拽位于变换框四条边中心点的控制手柄只能在水平或垂直方向上调整大小。

② 倾斜：将光标移到位于四角的控制手柄和位于控制框四边中点的控制手柄之间的位置时，当光标变为反向平行双箭头状时，按住鼠标左键进行拖动，即可进行倾斜调整。

③ 中心点：可以随意移动位于变换框中央的白色中心点的位置。旋转对象或按住 Alt 键调节对象大小时，都是以中心作为基准。

图 4-11 用"任意变形工具"选取对象

④ 旋转：将光标移到变换框四角的控制手柄外时，光标会变为旋转箭头形状，按住鼠标左键进行拖动，即可对对象进行旋转。

选中任意变形工具后，工具栏下边的选项设置区中将会出现如下 4 个新选项。

"旋转和倾斜" ：旋转或倾斜所选对象。

"缩放" ：调整所选对象的大小。

"扭曲" ：只能扭曲有分离属性的对象，结合 Alt 键，会以当前中心点所在位置为基准进行扭曲。

"封套" ：只能对具有分离属性的对象进行几何方式上的变形调整。

🐾 使用任意变形工具缩放对象时，按住 Shift 键和 Alt 键的同时拖动鼠标可以进行等比例的缩放。

4.3.2 课堂实例演示——利用任意变形工具创建特效文字

（1）以"小花猫.fla"文件为例，在工具箱中选择"文本工具"，然后在场景中确定插入点，输入"特效文字的制作"，如图 4-12 所示。

如果觉得输入的文字过小，可以使用"任意变形工具"放大文字，只需拖动变换控制框四角处的控制手柄即可。

（2）在使用"扭曲"和"封套"选项创建特效文字之前，必须首先分离文字，执行两次【修改】→【分离】命令或使用两次 Ctrl+B 键，如图 4-13 所示。

图 4-12 输入文字

(a) 第一次分离

(b) 第二次分离

图 4-13 分离文字

图 4-14　扭曲变形

（3）选择"任意变形工具"，然后选择"扭曲"选项。接下来在按住 Shift 键的状态下拖动上端变换控制框右上角的控制手柄，如图 4-14 所示。

（4）选择"封套"选项，然后将变换控制框顶边中心处的控制手柄向上拖动。如图 4-15 所示。

（5）将对文字进行变形。如图 4-16 所示，拖动中点处控制手柄的正切手柄进行变形。这样便创建了特殊文字效果。保存文档为"特效文字.fla"。

图 4-15　封套变形

图 4-16　拖动正切手柄进行变形

4.3.3　渐变变形工具

"渐变变形工具" 用来调整颜色渐变。当选择了一个渐变填充或位图填充用于编辑时，则该填充区的中心会显示出来，同时边框也会显示出来。边框上带有编辑手柄，当光标落在这些手柄上时，其形状就会发生改变，改变的形状可以指示出对应手柄的功能。

调节渐变色、位图填充的操作方式如下。这里以"可爱的小花猫.fla"文件为例进行渐变变形调整。

如果要改变渐变、位图填充的宽度或高度，可拖动边界框右边或底边的方形手柄。这个选项仅影响填充，而不影响含有填充的对象。现将小花猫左臂的衣服颜色采用渐变填充色，选择渐变变形工具单击要填充渐变色的区域，如图 4-17 所示。

(a) 渐变宽度改变前

(b) 渐变宽度改变后

图 4-17　改变渐变的宽度

① 初始位置的控制手柄：初始位置的控制手柄表示的是渐变的中心，即两种颜色变化的中间位置。

② 调节大小的控制手柄：可放大或缩小渐变的应用范围。

③ 调节角度的控制手柄：设置应用渐变的角度。

如果要改变渐变色、位图填充的中心点，可用鼠标拖动其中心点，到新位置即可，如图 4-18 所示。

(a) 渐变中心改变前　　　　　　　　(b) 渐变中心改变后

图 4-18　改变渐变的中心

如果要旋转渐变、位图填充，可拖动边框右上角的环形手柄，旋转的同时按下 Shift 键，这样便可以强制线性渐变填充的方向为 45°的倍数，如图 4-19 所示。

(a) 渐变角度改变前　　　　　　　　(b) 渐变角度改变后

图 4-19　改变渐变的角度

如果是放射渐变填充，可拖动环形边界框线上最下面的环形手柄或中间的环形手柄来调节直径，如图 4-20 所示。

(a) 放射渐变直径改变前　　　　　　(b) 放射渐变直径改变后

图 4-20　改变放射渐变的直径

4.3.4　3D 旋转工具组

3D 旋转工具组是 Flash CS4 中新增的工具，该工具组包括"3D 平移工具"和"3D 旋转工具"，允许用户在全局 3D 空间或局部 3D 空间中操作对象。全局变形和平移与舞台相关。局部 3D 空间即为影片剪辑空间。局部变形和平移与影片剪辑空间相关。"3D 平移工具"和"3D 旋转工具"的默认模式是全局。

1．3D 旋转工具

下面使用 3D 旋转工具创建三维运动的效果。这里虽然使用 3D 这个词，其实也就是对 2D 图像进行 X、Y、Z 轴方向的变形。以"3D 旋转.fla"文件为例。

（1）在工具箱中选择"3D 旋转工具"。

（2）在舞台上选择如图 4-21 所示的影片剪辑，3D 旋转控件将显示为叠加在所选对象上。如果这些控件出现在其他位置，双击控件的中心点将其移动到选定的对象上。使用该工具可以沿着 X、Y、Z 方向旋转所选对象。单击①红色线条进行拖动，可以沿着 X 轴方向旋转对象；单击②淡绿色线条进行拖动，可以沿着 Y 轴方向旋转对象；拖动③所指的里面的蓝色圈，可以沿着 Z 轴方向旋转对象；拖动④所指的外面的黄色圈，可以沿着 X、Y、Z 轴方向旋转对象。

（3）若要相对于影片剪辑重新定位旋转控件中心，可拖动中心点；若要按 45° 增量约束中心点的移动，可按住 Shift 键的同时进行拖动。

（4）按 Enter 键，可以看到从右侧向左侧运动的一个元件，如图 2-22 所示。

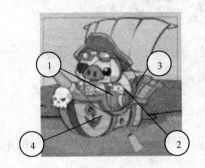　　

图 4-21　3D 旋转影片剪辑　　　　图 4-22　利用 3D 旋转工具浏览动画

（5）在【时间轴】面板中将播放磁头移动到第 60 帧，然后沿着 X、Y、Z 轴方向对角色进行变形。

（6）按下 Enter 键浏览动画。

2．3D 平移工具

仍以"3D 旋转.fla"文件为例。

（1）在工具箱中选择"3D 平移工具"。

（2）在舞台上选择如图 4-23 所示影片剪辑，如果该控件出现在其他位置，双击控件的中心点将其移动到选定的对象上。使用 3D 平移工具可以沿着 X、Y、Z 轴方向调整所选对象的大小和位置。单击①红色线条并进行拖动，可以沿着 X 轴方向移动对象；单击②淡绿色线条并进行拖动，可以沿着 Y 轴方向移动对象；单击③中央位置的圆圈并进行拖动，可以沿着 Z

轴方向更改对象大小。

（3）使用【属性】面板移动对象。在"3D 平移工具"【属性】面板的【3D 定位和查看】选
项区中输入 X、Y、Z 的值可对所选对象进行精确位置的移动，其【属性】面板如图 4-24 所示。

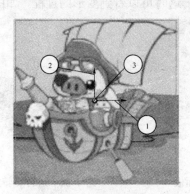

图 4-23　3D 平移　　　　　　　　　　图 4-24　3D 平移工具【属性】面板

4.3.5　课堂实例演示——利用变形技巧绘制娇艳欲滴的花朵

（1）新建文件，背景为白色，在舞台上使用"椭圆工具"绘制如图 2-25 所示的图形。选
择"选择工具"，选中图形的边框线，按 Delete 键将其删除。填充颜色按如图 2-26 所示的【颜
色】面板进行设置。

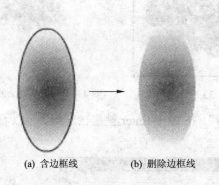

(a) 含边框线　　　(b) 删除边框线

图 4-25 利用"椭圆工具"绘制椭圆　　　　　图 4-26 设置填充色

（2）选取工具箱中的"选择工具"，将所绘的椭圆进行如图 4-27 所示的修改。再次选择
"椭圆工具"，在花瓣的中心绘制如图 4-28 所示的椭圆。

图 4-27　将椭圆形修改为花瓣　　　　　图 4-28　花瓣修饰

（3）选择工具箱中的"任意变形工具"选取花瓣，调整中心点到花瓣的下端角上，如图 4-29 所示。

（4）选择菜单【窗口】→【变形】命令，打开【变形】面板，设置"旋转"为 50°，单击"重制选区和变形"按钮，如图 4-30 所示。这时可以看到变形的过程，如图 4-31 所示。

图 4-29　使用"任意变形工具"　　图 4-30　【变形】面板　　图 4-31　进行旋转复制

（5）复制完成后，花朵的制作完成，如图 4-32 所示。按 Ctrl+A 键选中所有对象，按 Ctrl+B 键将对象分离，如图 4-33 所示。

（6）选择工具箱中的"线条工具"，线条颜色选择淡绿色，在花朵的下方绘制枝叶，如图 4-34 所示。

图 4-32　绘制完成的花朵　　图 4-33　分离对象　　图 4-34　绘制花朵的枝叶

（7）将文档保存为"娇艳欲滴的花朵.fla"。按 Ctrl+Enter 键测试动画，可以看到图形的效果，如图 4-35 所示。

图 4-35　导出影片

4.4　调整对象

在动画制作前期和动画制作过程中的对象编辑中，针对对象的调整是一个非常重要的方面，也是 Flash CS4 提供的一项基本的编辑功能。

4.4.1　对齐对象

在开始动画制作之前，自行绘制的和从其他地方引用的对象往往都杂乱地排列在编辑区，所以需要对它们的位置进行调节。另外，在动画制作的过程中，也常常需要改变和调整对象的位置。管理对象的位置包括对象的移动、对象的对齐等几个方面。

在制作较复杂的动画时，有时会有很多的对象，简单应用手工移动的方式会很麻烦。Flash 提供了自动对齐的功能，而且全部包括在【对齐】面板中。选择菜单【窗口】→【对齐】命令，可打开【对齐】面板，如图 4-36 所示。

该面板包括了【对齐】、【分布】、【匹配大小】、【间隔】等几个功能选项区。下面以"对齐对象.fla"文件为例，来对几种对齐功能进行简单介绍。文件中对象的初始位置如图 4-37 所示。

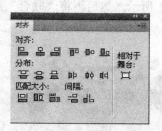

图 4-36　【对齐】面板

图 4-37　对象的初始位置

首先激活"相对于舞台"按钮 ⊡，按住 Shift 键，在舞台中将三个对象同时选定，然后在【对齐】面板的【对齐】选项区中单击"垂直对齐"按钮 ⊞，则它们会自动位于舞台的中间，效果如图 4-38 所示。

以同样的方式选定三个对象，单击面板内【分布】选项区的"垂直居中分布"按钮 吕，三个对象将按照各自水平中心线所处位置在垂直方向上平均分布，如图 4-39 所示。

上面针对对象【对齐】和【分布】命令的部分用法进行了举例说明，用户可以用同样的方法来操作一下没有列举的命令。熟练使用【对齐】面板并掌握对象对齐的方法，可以给对象的编辑带来诸多方便。

图 4-38　垂直对齐

图 4-39　垂直居中分布

4.4.2 合并对象

使用【修改】→【合并对象】子菜单中的相关命令来合并或改变现有对象,从而创建新形状。在某些情况下,所选对象的堆叠顺序决定了操作的工作方式。

以"可爱的小花猫.fla"文件为例,下面一一介绍"合并对象"子菜单中的相关命令。

- 【联合】:将两个或多个形状合成单个形状。选中文件中小花猫的两只脚,包括边框线,如图 4-40 所示,应用【联合】命令后如图 4-41 所示。

图 4-40 应用【联合】命令前 图 4-41 应用【联合】命令后

- 【交集】:创建两个或多个对象的交集。选中文件中小花猫的头和脚,包括边框线,分别对头和脚先应用【联合】命令,如图 4-42 所示。然后再将"联合"过的对象应用【交集】命令,结果如图 4-43 所示。

 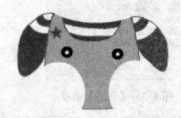

图 4-42 应用【联合】命令 图 4-43 应用【交集】命令

- 【打孔】:删除所选对象的某些部分,这些部分由所选对象与排在所选对象前面的另一个所选对象的重叠部分来决定。选中文件中小花猫的头和脚,包括边框线,分别对头和脚先应用【联合】命令,然后再将"联合"过的对象应用【打孔】命令,如图 4-44 所示。

- 【裁切】:用某一对象的形状裁切另一对象,以前面或最上面的对象定义裁切区域的形状。选中文件中小花猫的头和脚,包括边框线,分别对头和脚先应用【联合】命令,然后再将"联合"过的对象应用【裁切】命令,如图 4-45 所示。

 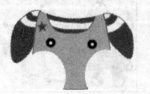

图 4-44 应用【打孔】命令 图 4-45 应用【裁切】命令

在应用"交集"、"打孔"、"裁切"命令前，要先将对象进行"联合"，在"联合"的基础上才能应用"交集"、"打孔"、"裁切"命令，否则，这三个命令是灰化不可用状态。

4.4.3　修饰对象

Flash 提供了几种对图形修饰的方法，包括优化曲线、将线条转换为填充、扩展填充、柔化填充边缘、高级平滑与伸直等。

下面以"可爱的小花猫.fla"文件为例，来讲解各种修饰对象的使用方法。

1. 将线条转换为填充

在工作区中用"线条工具"在"小花猫"对象的周边添加边框。然后将添加的边框线全部选定，执行【修改】→【形状】→【将线条转换为填充】命令，就可以把线条转化为填充区域。使用这个功能可以产生一些特殊的效果。例如使用渐变色填充这个直线区域，那么就可以得到一条五彩缤纷的线段，如图 4-46 所示。

2. 扩展填充

通过扩展填充功能可以扩展填充形状。具体操作步骤为：使用"选择工具"选择一个形状，执行【修改】→【形状】→【扩展填充】命令，弹出如图 4-47 所示的【扩展填充】对话框，其中主要参数如下。

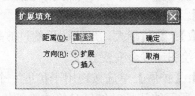

图 4-46　将线条转换为渐变填充　　　　图 4-47　【扩展填充】对话框

⊃【距离】：用于指定扩展、插入的尺寸。

⊃【方向】：【扩展】单选按钮用于扩展一个形状；【插入】单选按钮用于缩小形状。

填充后效果如图 4-48 所示。

图 4-48　扩展填充

3. 优化曲线

优化曲线功能通过减少用于定义这些元素的曲经数量来改进曲线和填充轮廓，该功能能够减小 Flash 文件的尺寸。

优化曲线的具体步骤如下。

（1）使用"选择工具"选择要进行优化的对象，然后执行【修改】→【形状】→【优化】

命令。

（2）在【优化曲线】对话框中，通过设置【优化强度】来确定平滑的程度，数值越大，优化后的曲线条数越小，减小的百分比越大，如图 4-49 所示。

（3）如果勾选【显示总计消息】复选框，将弹出如图 4-50 所示的提示框，显示平滑完成时优化的程度。

　　图 4-49　【优化曲线】对话框　　　　　　　图 4-50　提示框

4. 柔化填充边缘

在绘图时，有时会遇到颜色对比非常强烈的情况，这时绘出的实体边界太过分明，影响整个影片的效果，如果对实体的边界进行柔化，那么效果就好多了。Flash 提供了柔化填充边缘的功能。

具体操作步骤为：使用"选择工具"选择一个形状，执行【修改】→【形状】→【柔化填充边缘】命令，弹出如图 4-51 所示的【柔化填充边缘】对话框。对话框的主要参数如下。

- 【距离】：用于指定扩展、插入的尺寸。
- 【步骤数】：数值越大，形状边界的过渡越平滑，柔化效果越好。但同时文件尺寸也会增大，绘图速度会变慢。
- 【方向】：【扩展】单选按钮用于扩展一个形状；【插入】单选按钮用于缩小形状。

如图 4-52 所示的就是对矢量对象边缘柔化前后的对比效果。

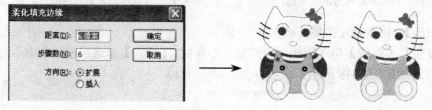

　图 4-51　【柔化填充边缘】对话框　　　图 4-52　柔化填充边缘前后的效果

5. 高级平滑与伸直

伸直操作可以将已经绘制的线条和曲线拉直，但不影响已经伸直的线段。平滑操作使曲线变柔和并减少曲线整体方向上的突起或其他变化，同时还会减少曲线中的线段数。不过，平滑只是相对的，它并不影响直线段。如果在改变大量非常短的曲线段形状时遇到困难，该操作尤其有用。选择所有线段并将它们处理得平滑，可以减少线段数量，从而得到一条更易于改变形状的柔和曲线。

- 执行【修改】→【形状】→【高级平滑】命令，弹出如图 4-53 所示的【高级平滑】对话框。在对话框中，在【上方的平滑角度】、【下方的平滑角度】和【平滑强度】中输入适当的值，即可为选定的曲线进行平滑。
- 执行【修改】→【形状】→【高级伸直】命令，弹出如图 4-54 所示的【高级伸直】对话框。在对话框中，在【伸直强度】中输入适当的值，即可将有一定弯度的曲线进行伸直。

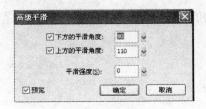

图 4-53　【高级平滑】对话框　　　　图 4-54　【高级伸直】对话框

4.4.4　课堂综合练习——绘制可爱的卡通男孩儿

通过本章的学习，用户应该已经掌握了修改对象的方法。在本节中，通过一个矢量图形的绘制及其编辑，帮助用户熟练掌握矢量图形绘制的技巧及对象操作的综合应用技能。

（1）新建文件，选择"椭圆工具"，并将填充颜色指定为"无"，在工作区中绘制一个如图 4-55 所示的椭圆。

（2）为人物添加五官。选择"椭圆工具"，绘制出人物的耳朵、眼睛和鼻子；再选择"铅笔工具"，绘制出人物的嘴巴，在其【属性】面板中将【笔触】设置为"3"后绘制眉毛，如图 4-56 所示。

图 4-55　绘制椭圆　　　　　　图 4-56　绘制人物的五官

（3）选择"铅笔工具"，在其【属性】面板中将【笔触】设置为 1，绘制人物的躯干，如图 4-57 所示。

（4）用同样方法绘制人物的四肢及服饰，在绘制的过程中可利用其他工具辅助完成，如"选择工具"等，绘制效果如图 4-58 所示。

图 4-57　绘制人物的躯干　　　　图 4-58　绘制人物的四肢

（5）接下来要为人物填充颜色了。首先选择"颜料桶工具"，在其【属性】面板中将填充颜色设置为皮肤的颜色（#FEDEC5），填充人物的皮肤；人物的眼睛填充黑色（#000000）；嘴巴填充红色（#BC6259），头发填充棕色（#9B6211）；服饰填充黄色（#FAA806）和蓝色（#12388B）。填充效果如图 4-59 所示。

（6）为了表现图像的明暗程度，选择"刷子工具"，在【颜色】面板中设置比填充颜色更深的颜色进行暗部的填充，设置比填充颜色更亮的颜色填充亮部，并在"刷子工具"的选项区中将"刷子模式"设置为"标准模式"，人物的明暗部分调整后的图像如图 4-60 所示。

（7）为了让人物显得更加有立体感，去掉人物的边框线，人物的绘制完成。保存文档为"卡通男孩.fla"。如图 4-61 所示。

图 4-59　为人物填充颜色　　　　　图 4-60　调整人物的明暗　　　　　图 4-61　绘制完成

小结

通过本章的学习，了解了创建动画的基本思想和基本思路。其中一个重要的概念就是图层。而本章阐述了图层在创建动画中的作用，详细介绍了创建和编辑图层的方法，并较全面地介绍了动画中大部分元素的编辑方法。在动画制作过程中，制作者必须对各种动画元素进行频繁编辑。其中对象位置的管理和变形又是使用最多的方法。在创作 Flash 动画的过程中，经常为了编辑的方便，而对某些图层进行锁定、隐藏等操作，这些操作在 Flash CS4 中很容易实现。通过本章的学习，用户要能灵活运用每个编辑方法，通过不断练习将这些方法熟练使用，为成一个优秀的动画制作者打下坚实的基础。

习题

一、填空题

1. 按住_____键可以同时选取连续的多个图层，而按住_____键可以同时选取非连续的多个图层。

2. 按住_____键，再单击当前图层的锁定栏可以锁定所有除本身之外的其他图层或将所有其他图层解锁。

3. 单击所编辑图层"显示轮廓"图标并同时按住_____键，可以显示所有图层轮廓。

4. 新增加的图层将建立在当前编辑层的_____，常见的图层类型有_____、_____、_____和_____等几种。

5. 执行_____可以将普通图层转换为引导层，执行_____可以将引导层恢复为普通图层。

6. 使用绘图工具栏中的任意变形工具，按住_____键的同时拖动鼠标，可以等比例缩放图形。

二、简答题

1. 在 Flash CS4 中，创建和删除图层的方法很多，请简要描述几种创建与删除图层的方法。

2. 改变图层的叠放顺序有哪些手段和方法？

3. 简述一般在什么情况下会使用到图层的"锁定"功能。

4. 简述有哪些方法可以创建、取消引导图层。

第 5 章　元件、实例和库的使用

本章要点：

- ☑ 动画中的元件及其种类
- ☑ 元件的制作与编辑
- ☑ 元件库的使用
- ☑ 实例的编辑与应用
- ☑ 元件和实例在动画中的应用
- ☑ 库面板
- ☑ 库的种类

早期 Flash 版本中引入的"图符"与"符号"在 Flash CS4 中称为元件，这也是 Flash CS4 的优秀特点之一。现在几乎在所有的动画制作过程中，都不可避免地会用到元件和实例。本章将重点学习元件和实例的制作、应用及库的有关知识。

5.1　认识 Flash CS4 中的元件

元件又称为符号（Symbol）或图符。它是一种可以重复使用的图像、影片剪辑、按钮等动画制作元素。在创建元件之后，就可以在整个影片或者其他的影片里对其重复使用。用户可以自己通过 Flash CS4 逐个制作而成，也可以利用 Flash 系统提供的元件。通常，所有的元件都存放在【库】面板中，而实例是元件在舞台工作区中的应用。

5.1.1　在动画中使用元件的优点

在动画制作的过程中，通常需要创建多个元件，而所创建的每一个元件可以产生多个实例。就好比在拍电影时用到的道具，在多个场景中都可以使用一样。这样做不仅可以简化影片元素，而且能减少影片文件的大小，加快动画在网络中的传输速度等。若对元件进行修改，在场景中的实例也会随着更改，有时这个特性会给动画的制作带来很大的方便。反过来，在舞台中对实例进行修改，不会影响库中的元件。

5.1.2　元件的类型

元件主要有图形、影片剪辑和按钮三种类型，不同类型的元件有着不同的作用。在【元件属性】对话框中可以选择元件的类型，如图 5-1 所示。

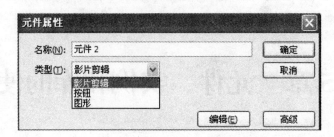

图 5-1 【元件属性】对话框

1．图形元件

图形元件一般是静态的图形或是几个连接到主影片时间轴上的可重用动画片段。它和影片的时间轴同步运行，而交互式控件和声音不会再随着图形元件的播放而起作用。在 Flash 系统的元件库中，表示图形元件的图标为 。

2．影片剪辑

影片剪辑元件又称为影片片段，是可以单独重复使用的动画片段。它有自己的时间线，主要用来制作独立于主影片时间轴的动画。可以包括交互性控制、声音甚至其他影片的部分剪辑，也可以把影片剪辑实例加载到按钮的时间轴中，从而实现动画按钮。有时为了实现动画的交互性，它可以将单独的图像制作成影片剪辑元件。

影片剪辑元件和图形元件均可以是一个动画。但在播放时，却有区别。影片剪辑实例只需要一个关键帧来播放，它是完全独立于主场景的。也就是说，当主场景播放结束，它的时间轴还是继续向前播放的，直到影片剪辑播放完，此时它将返回到影片剪辑的第 1 帧。而图形实例必须放在需要它的每一帧里。图形实例动画可以设置其播放的具体位置。影片剪辑元件在系统元件库中的图标为 。

3．按钮

按钮元件一般有四个帧，用来表示按钮的四个状态，即弹起、指针经过、按下和单击。

➲ "弹起"状态：指鼠标没有接触按钮时，按钮处于弹起位置。

➲ "指针经过"状态：指鼠标指针移到按钮上面，但没有单击时的鼠标状态。

➲ "按下"状态：指鼠标移到按钮上，并且单击鼠标左键时，按钮所处的状态。一般单击鼠标右键时会弹出快捷菜单。

➲ "单击"状态：这个状态一般是按钮的核心状态，也是响应事件的状态。在此状态下可以定义鼠标事件的相应范围和鼠标事件的动作。在这种状态下，关键帧中的内容是不显示的。

按钮元件在系统元件库中的图标为 。

5.2　制作元件

通常获得元件可以有两种方法。

一是自己创建制作元件。自己创作的元件有很大的灵活性，用户根据动画影片的需要，利用 Flash CS4 很强的绘图工具及图形处理能力，可以创作出特色鲜明的元件来。

二是从 Flash 系统库中选取元件。Flash CS4 提供了丰富的元件库，用户有时可以直接在库里进行搜索查找，获取符合自己需要的元件，这在以后的章节中会详细介绍。

5.2.1　创建元件

自己创建元件通常也有两种方式，一是先创建一个新的空元件，然后再通过元件编辑舞台进行修改，添加内容；另一种方法是将舞台上创建的对象直接转换成元件。

1. 创建空元件

（1）新建元件一般有以下几种方法。

➲ 执行【插入】→【新建元件】命令。

➲ 按快捷键 Ctrl+F8。

➲ 单击【库】面板底部的"新建元件"按钮，打开【创建新元件】对话框，如图 5-2 所示。

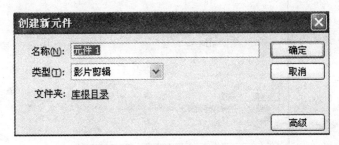

图 5-2　【创建新元件】对话框

（2）在【创建新元件】对话框【类型】下拉列表中选择要创建的元件类型，并在【名称】文本框中输入元件的名称，单击【确定】按钮。

> ✒　在同一个元件库中，元件的名称必须是唯一的，不论它们的类型是否相同，因为系统在识别同一个库中所有元件时，只记录元件名称。

（3）此时的舞台被切换成新建元件的编辑舞台。例如，上述步骤中若选取的是【影片剪辑】，名称为【元件 1】，则此时的舞台上方场景名称旁边会出现一个图标，表明舞台现处在对元件 1 的编辑状态。此时的舞台和编辑场景时的舞台不同的是，看不到舞台的边缘，而只是在舞台的中心处出现一个十字形符号。

（4）接下来要在元件编辑舞台上创建内容。这将和所要创建元件的类型有一定的关系。若要创建一个【影片剪辑】元件，则和创建主场景中的动画没有什么两样，绘制元素，创建补间等。若要创建一个【图形】元件，则可以充分利用 Flash 的绘图工具等，创建出一个静态的元件。创建【按钮】元件将在下文单独介绍。

> ✒　在不知道边界的舞台上创建元件，要注意对象的具体位置，尽量将其设置在舞台中心位置旁边，因为未来元件的中心就是舞台上的那个十字符号。

另外，也可以从其他 Flash 文档的【库】中获得新元件，步骤如下。

（1）执行【插入】→【新建元件】命令，或按快捷键 Ctrl+F8，打开【创建新元件】对话框。

（2）在【创建新元件】对话框中，单击【高级】按钮，【创建新元件】对话框会展开成为如图 5-3 所示的对话框。

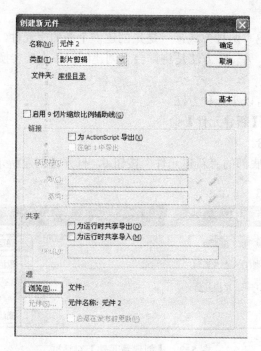

图 5-3 展开的【创建新元件】对话框

（3）在该对话框中，单击【浏览】按钮，打开【查找 FLA 文件】的对话框，如图 5-4 所示。

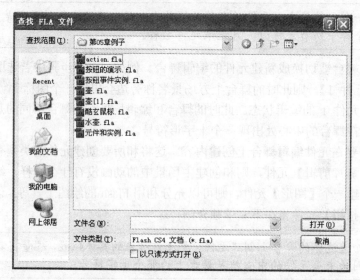

图 5-4 【查找 FLA 文件】对话框

（4）选中元件所在的 Flash 文档，并双击打开【选择源文件】对话框，如图 5-5 所示。在这里选择所需的元件。单击【确定】按钮，返回上一级对话框。

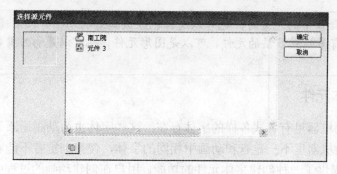

图 5-5　【选择源元件】对话框

（5）此时的【创建新元件】对话框中【源】选项区如图 5-6 所示，其中的【总在发布前更新】复选框为可选，若选中，则在每次发布动画前，系统会重新在源文件处引用元件，若在这个过程中源元件被修改，则该元件也随之更新。

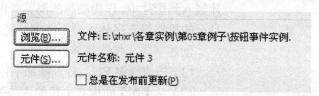

图 5-6　【创建新元件】对话框中【源】选项区

2．将舞台元素转换成元件

（1）利用工具将舞台上的元素选中，这些元素可以是一个或组群，也可以是元件，因为元件是可以嵌套使用的。

（2）将舞台上的元素转换成元件一般有以下几种方法：

➲ 执行【插入】→【转换为元件】命令；

➲ 按快捷键 Ctrl+F8；

➲ 右键单击所选对象，在弹出的快捷菜单中选择【转换为元件】命令，都会打开【转换为元件】对话框，如图 5-7 所示。

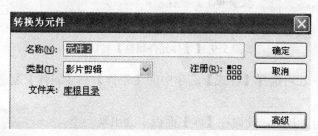

图 5-7　【转换为元件】对话框

（3）在【转换为元件】对话框中选择好元件的类型，并将元件命名。这里和【创建新元件】对话框不同的是，新增加了一个【注册】选项，其中有个黑点，是用来调整转换成元件后的中心位置，默认在中心，表示转换后的元件中心在元素的中心位置。

（4）单击【确定】按钮，原来的对象就转换成了一个元件，并出现在该文档的元件库中。

✦ 在选择舞台中的元素时，也可以选择已经编辑好的动画片段，通过复制/粘贴的方式将其转换成含有多帧或多层的元件，可以是图形元件，也可以是影片剪辑元件，一般转换成影片剪辑元件。

5.2.2 创建字体元件

有时，用户的机器里有各式各样的字体存在，这些字体也为动画增添了很多色彩。但有时，动画浏览者的机器里不一定有和动画中相同的字体，使得浏览者不能看到真实的字体效果。Flash CS4 里提供了一种创建字体元件的功能，用户在创建动画的过程中可以将某种特定的字体设计成共享库中的项目，也就是在【库】面板中创建字体元件。然后通过给该字体元件设定一个固定的名称和一个公布包含该字体元件的影片的 URL。用户进行影片编辑时使用该字体元件，并链接上该字体，而无需将字体嵌入到影片中。作为动画的浏览者也就不需要担心因为自己的机器没有字体库而不能浏览精彩的动画了。

创建字体元件的具体步骤如下。

（1）按快捷键 F11，打开添加字体元件的【库】面板。

（2）从【库】面板右上角的选项菜单中选择【新建字型】命令，如图 5-8 所示。

（3）打开【字体元件属性】对话框，如图 5-9 所示。在【名称】文本框中输入该字体元件的名称，并从【字体】下拉列表中选择一种字体。这里分别输入"自建字体"，选择"楷体_GB2312"。

图 5-8 【库】面板快捷菜单

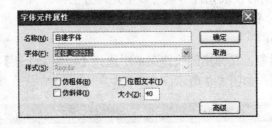

图 5-9 【字体元件属性】对话框

（4）根据需要，还可选择【样式】选项中的【粗体】和【斜体】复选框，以便将选定的样式应用于该字体。

（5）单击【确定】按钮，此时在【库】面板中会出现一个名为"自建字体"的字体元件。如图 5-10 所示。

（6）选中【库】面板中的【自建字体】，在【库】面板右上角的选项菜单中执行【属性】命令，或右击面板中的【字体元件】，选择快捷菜单中的【属性】命令。打开【字体元件属性】对话框，如图 5-11 所示。

（7）在【字体元件属性】对话框的【共享】选项中，勾选

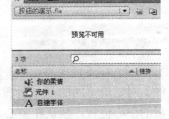

图 5-10 "自建字体"的字体元件

【为运行时共享导出】复选框，该复选框勾选后【字体元件属性】对话框会变为如图 5-12 所示的状态。并在【标识符】文本框中，输入一个名称以标识该字体元件，这里设置成 SetFont。

图 5-11　【字体元件属性】对话框　　　　图 5-12　【字体元件属性】对话框

（8）在【URL】文本框中，输入包含该字体元件的 SWF 影片文件将要公布到的 URL。
（9）单击【确定】按钮保存设置，一个字体元件创建完成。

5.3　编辑元件

通过前面的学习，用户应该了解了创建元件的几种方法。创建元件的目的是要将其应用到影片中去。下面来学习有关元件的常规操作。

5.3.1　复制元件

有时，想要创建一个新的元件，但这个元件可以在现有某个元件的基础上进行修改而获得。此时，为不影响原来元件的使用，而需要复制一个新的元件作为创建起始点。也可以使用舞台中的某个实例来创建不同于原来元件的新元件，具体操作步骤如下。

（1）在【库】面板中选择一个元件并右击，执行快捷菜单中的【复制】命令。
（2）在舞台中需要放置的位置进行粘贴，就会复制出一个新的元件，如图 5-13 所示。
也可以通过编辑中的实例来复制元件，具体操作如下。
（1）通过"选择工具"选中舞台上某个元件的一个实例，执行【修改】→【元件】→【直接复制元件】命令，打开【直接复制元件】对话框，在【元件名称】文本框中输入新元件的名称，如图 5-14 所示。

图 5-13　复制一个新元件　　　　　　　图 5-14　设置元件名称

（2）单击【确定】按钮，在【库】面板中就生成了一个新的元件，如图 5-15 所示。

图 5-15　元件【库】面板

🌑　通过第一种方式生成的新元件在舞台中粘贴后可看到具体的实例，而在【库】面板中没有新元件名称的显示；通过第二种方式生成的新元件在舞台中看不到新的实例，原来的实例会自动转换成新复制元件的实例，在【库】面板中会出现新复制元件的名称。

5.3.2　改变元件的名称和行为类型

在【库】面板中可以修改元件的名称甚至元件行为类型。具体的操作方法不是唯一的。举例说明如下。

1．方法一

在【库】面板中选中要修改的元件，如这里选择"元件 1 副本 2"、行为类型为【按钮】，如图 5-16 所示。单击鼠标右键，执行快捷菜单中的【属性】命令，打开【元件属性】对话框。在这里可以修改元件的名称为"新元件"，修改行为的类型为【图形】，单击【确定】按钮后，原来的元件将被更改，如图 5-17 所示。

图 5-16　元件的名称和行为类型修改前　　　图 5-17　元件的名称和行为类型修改后

2．方法二

（1）在【库】面板中直接双击要修改元件的名称，如图 5-18 所示，使得元件名变成可更改状态，然后进行修改。

（2）更改元件的类型和方法一相同。

图 5-18　修改元件名称

5.3.3　编辑元件内容的方法

简单地修改元件的名称及行为类型时，不会影响到使用该元件创建的实例。但编辑修改了元件本身的内容时，Flash 系统将会自动更新影片中所有该元件的实例。Flash 提供了三种方式来编辑元件。编辑元件时，影片中该元件的所有实例都会被更新，以反映编辑的结果。在编辑元件时，可以使用任何绘画工具、导入介质或新创建的其他元件实例。

1. 在当前位置编辑元件

使用【在当前位置编辑】命令在该元件和其他对象在一起的舞台上编辑它。其他对象以灰化方式出现，从而将它们和正在编辑的元件区别开来。正在编辑的元件名称会显示在舞台上方的信息栏内，位于当前场景名称的右侧。

也可以使用【在新窗口中编辑】命令在一个单独的窗口中编辑元件。在单独的窗口中编辑元件使用户可以同时看到该元件和主时间轴。正在编辑的元件名称会显示在舞台上方的信息栏内。

使用元件编辑模式，可将窗口从舞台视图更改为只显示该元件的单独视图。正在编辑的元件名称会显示在舞台上方的信息栏内，位于当前场景名称的右侧。

（1）在舞台上双击该元件的一个实例，或者右击舞台上的实例，执行快捷菜单中的【在当前位置编辑】命令，或者选中要修改的元件实例，执行【编辑】→【在当前位置编辑】命令。此时，该元件和其他对象将在同一个舞台上进行编辑。其他对象以灰化方式出现，从而将它们和正在编辑的元件区别开来。在舞台上方的信息栏上，当前场景名称的右侧会显示当前被编辑的元件名称，如图 5-19 所示。

图 5-19　在场景舞台中编辑元件

（2）此时，元件处在可编辑状态，用户可以根据需要对其进行编辑修改。

（3）当修改完毕后，要退出"在当前位置编辑"模式并返回到场景编辑模式，单击舞台上方的"返回"按钮 ⬅，返回到"场景编辑"模式。或者执行【编辑】→【编辑文档】命令。

2. 在新窗口中编辑元件

（1）在舞台上选择该元件的一个实例，右击，执行快捷菜单中的【在新窗口中编辑】命令。此时元件将处在一个单独的可编辑窗口。它拥有独立于主场景的时间轴。

（2）根据需要对元件进行编辑。

（3）当修改完毕后，要退出"在新窗口中编辑"模式，可单击右上角的关闭按钮来关闭新窗口，单击主场景窗口以返回到编辑主影片状态下。

3. 在元件编辑模式下编辑元件

（1）在【库】面板中选定要编辑的元件，并双击元件图标，或者在舞台上右击该元件的一个实例，执行快捷菜单中的【编辑】命令，也可以在选中实例后，执行【编辑】→【编辑元件】命令。

（2）根据需要在舞台上对元件进行编辑。

（3）要退出元件的编辑模式并返回到影片编辑状态，可执行【编辑】→【编辑文档】命令，或直接单击舞台上方信息栏左侧的"返回"按钮 。

> ✦ 在修改影片剪辑元件时，若想要在 Flash 创作过程中预览各个影片剪辑元件的交互性和动态效果，可以执行【控制】→【启用实时预览】命令。

5.3.4 元件的替换与更新

在大量使用元件实例的影片中，往往需要对某个已经使用多次的元件进行替换或更新。可以执行以下操作：可以用在本地网络可访问的".FLA"文件中的任何其他元件更新或替换影片中的影片剪辑、按钮或图形元件。目标影片中该元件的原始名称和属性都会被保留，但元件的内容会被所选择的元件的内容替换。选定元件使用的所有资源也会复制到目标影片中。

更新或替换元件的步骤如下。

（1）打开要修改的影片及其【库】面板，选择想要被替换或更新的影片剪辑、按钮或图形元件，例如选择【库】面板中的"按钮的演示"图形元件。单击面板右上角的菜单按钮，执行【属性】命令，如图 5-20 所示。

（2）打开【元件属性】对话框，单击【高级】按钮，打开如图 5-21 所示的高级【元件属性】对话框。

图 5-20 执行【属性】命令

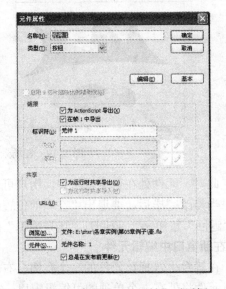

图 5-21 高级【元件属性】对话框

（3）单击【源】选项区中的【浏览】按钮，弹出【查找 FLA 文件】的对话框，选择要打开的目标文件。选定后，【源】选项区中增加了一个【总是在发布前更新】复选框，选中它，可以方便在指定的源位置找到该资源的最新版本并及时更新。

（4）单击【确定】按钮，新选的元件或对象（如本例中的"元件 1"）将替换当前文档中所有使用到的被替换的元件实例（如本例中的"按钮的演示"）。如图 5-22（a）和图 5-22（b）

所示，分别为元件"按钮的演示"被更新替换的前后。

（a）更新前　　　　　　　　　　　（b）更新后

图 5-22　元件"按钮的演示"被替换和更新前后

5.4　库的使用

本书中已经多次提及"库"的概念。库是元件和实例的载体，因此要想对元件和实例有更深的理解，就要对库有所了解。下面就来全面地了解一下有关库的基本知识。

Flash CS4 的库分两种，即当前编辑文件的库和 Flash CS4 中自带的"公用库"。它们既有共同点，又有很多不同点。要掌握库的使用就要先对这两种库有足够的认识。另外，库也是一种有效的的工具，使用库可以省去很多重复操作及一些不必要的麻烦。

5.4.1　【库】面板

显示【库】面板有两种方法：一种方法是执行【窗口】→【库】命令，另一种方法是直接按快捷键 F11，这两种方法都可以打开所编辑影片文档的【库】面板。

典型的【库】面板包括标题栏、预览及库文件的管理工具等，如图 5-23 所示。

标题栏：标题栏显示了当前文件的文件名。在标题栏的右边有个菜单按钮■，单击该按钮后可在下拉菜单中选择并执行相关命令。此外，还可通过单击标题栏将窗口最小化或最大化；或通过拖动标题栏最左侧将面板进行移动整合。【库】面板可以放置在文档窗口的任何位置，为了编辑的方便，一般情况下，【库】面板放置在窗口的右边，与【属性】面板并排排列。Flash CS4 的【库】面板新增了两个按钮："固定当前库"按钮■和"新建库面板"按钮■。

库界面最下方左侧有 4 个按钮，可以对库中文件进行管理，这些工具是否可用，由库文件的类型而定。

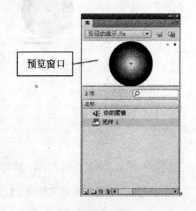

预览窗口

图 5-23　【库】面板

"新建元件" ▣：单击该按钮后，屏幕上会弹出【创建新元件】的对话框，可为新元件命名及选择新元件类型。

"新建文件夹" ▭：在一些复杂影片中为了使库中文件的管理更方便，可以单击该按钮创建一些文件夹用来分类保存库中的元件，使以后对元件的调用变得更灵活方便。

"属性" ❶：用来查看和修改库中元件的属性。

"删除" ▣：用来删除库中的文件和文件夹。

"预览窗口"：单击列表栏中的某一个文件，即可以在列表栏上面的预览窗口中进行预览，如果选定的是一个多帧动画文件，还可以通过预览窗口"播放" ▸ 按钮观看它的播放效果。

5.4.2　库中目录的操作

在【库】面板中，当元件比较多时，所有元件列在一起将不便于用户的查看和管理，这时就需要使用元件文件夹来对元件进行分类保存，就像 Windows 系统中的资源管理器一样，通过目录形式来管理。

要添加一个新的元件文件夹，可以直接单击【库】面板下方的"新建文件夹"按钮 ▱，在【库】面板中会出现一个名为【未命名文件夹 1】的空文件夹，其前面的图标为 ▱，如图 5-24 所示。

文件夹命名后，用户就可以按照自己的分类方式，将库中的元件或对象逐一归类。采用拖曳的方式可以直接将元件放入到相应的文件夹中，也可以在创建文件夹时直接将某些元件对象包含进去。具体操作如下。

（1）可以使用鼠标借助 Ctrl 键或 Shift 键选中要包含到文件夹中的文件或文件夹。

（2）右键单击要移动的文件或文件夹，在弹出的快捷菜单中选择【移至】命令，弹出【移至】对话框。在该对话框中可以选择【新建文件夹】或【现有文件夹】，如图 5-25 所示。

图 5-24　【未命名文件夹 1】空文件夹

图 5-25　【移至】对话框

（3）如果选择【新建文件夹】，可在其文本框中更改名称，单击【选择】按钮，完成添加。此时，刚才选中的所有元件或文件夹都移到新创建的文件夹中。如果选择【现有文件夹】，在其下面的列表框中选择现在文件夹的名称，单击【选择】按钮，完成添加。此时，刚才选中的所有元件或文件夹都移到所选的现有的文件夹中。

5.4.3　库的种类

库分为公用库和专用库，下面将仔细讲解每种库的特点。

1．专用库

执行【窗口】→【库】命令或直接使用 Ctlr+L 快捷键，弹出当前文件的专用库，前边提到的库大部分是这种类型。这种库的文件和文件夹包含了当前编辑环境下的所有元件、声音、导入的位图、视频及其他对象，就像影片中每个角色的集合。

2．公用库

执行【窗口】→【公用库】命令，可以在其子菜单中看到【声音】、【按钮】和【类】三个命令。

执行【窗口】→【公用库】→【声音】命令，打开声音库，其中包括了多个声音文件，如图 5-26 所示。

执行【窗口】→【公用库】→【按钮】命令，打开按钮库，其中包括了多个文件夹，双击其中的某个文件夹，即可看到该文件夹中包含的多个按钮文件，单击选定其中的一个按钮，便可以在预览窗口中对其预览。预览窗口中右上角的"播放" ▶ 按钮和"停止" ■ 按钮，可以用来查看按钮效果，如图 5-27 所示。

执行【窗口】→【公用库】→【类】命令，打开类库，可以看见其中有 DataBindingClasses（数据绑定）、UtilsClasses（组件）及 WebServiceClasses（网络服务）三个选项，如图 5-28 所示。

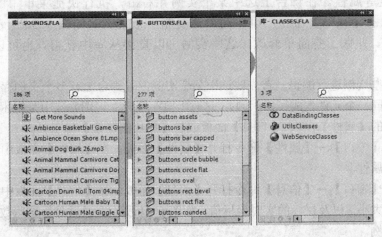

图 5-26　声音库　　　　图 5-27　按钮库　　　　图 5-28　类库

5.5　图符实例的使用

实例是指元件在舞台上的一个应用，从【库】面板中选中一个元件将其拖放到舞台上，也就创建了一个该元件的实例。每个元件可以多次应用在舞台上，这给动画的制作带来了极

大的方便。但在创建实例时，应该先确定创建的帧，并且确定此帧目前是否可编辑，否则元
件不能被拖放。

5.5.1　实例的编辑

　　在舞台中，对某个元件的实例进行编辑时，不会影响库中的元件本身，也不会影响到这
个元件的其他实例。如图 5-29（a）所示，是元件 1 在库中的原始内容，如图 5-29（b）所示，
是元件 1 在场景 1 中的一个实例，并作了变形修改，但并没有影响元件 1。

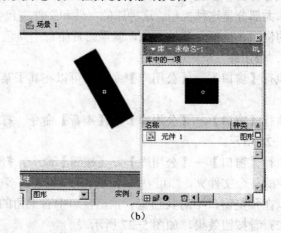

（a）　　　　　　　　　　　　　　　　　　（b）

图 5-29　实例的修改编辑

　　针对实例的编辑，可以将其看作一个被组合的对象，能够调整其大小、位置、旋
转度及倾斜度等属性。在舞台上选中某个实例并右击，执行快捷菜单中的【复制】命
令，再右击执行【粘贴】命令，可以简单地复制一个实例。如图 5-30 所示，就是元件
1 的多个实例，并做了些简单修改，这些实例可以直接从库中获得，也可以从舞台上复
制获得。

　　若要对这些实例进行编辑，首先要选中某个实例。若舞台上有多个实例存在，并且这些
实例可能是由同一个元件生成（如上例），这时，要在舞台上识别并选中是很困难的。此时就
需要借助实例的【属性】面板、【信息】面板或者【影片浏览器】等工具。

　　通过执行【窗口】→【属性】命令打开【属性】面板。在【属性】面板中可以查看并设
置实例的多项属性。

　　通过执行【窗口】→【信息】命令打开【信息】面板。在【信息】面板中可以查看选定
实例的位置和大小，以及鼠标的实时坐标值，如图 5-31 所示。通过分析这些数据，也可以分
辨出具体的实例。

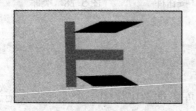
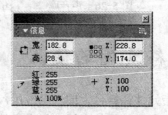

图 5-30　复制多个实例　　　　　　　　图 5-31　【信息】面板

通过执行【窗口】→【影片浏览器】命令可以打开【影片浏览器】面板，如图 5-32 所示。在【影片浏览器】中，通过【显示】选项中的快捷按钮可以查看当前影片的内容，包括实例和元件。单击，可以打开影片中所有的场景，以及场景中所有的实例，在每个实例图标后面都标明该实例所属元件。当单击列表中的某个实例即可选中舞台上的对应实例。

通过前面的学习，用户应该清楚，可以有很多种方式来对元件进行编辑，也包括双击舞台中的实例，进入元件编辑状态。不过，此时的编辑工作是结合了实例本身的一些属性来进行的，如颜色属性等。这样的话，用户为元件

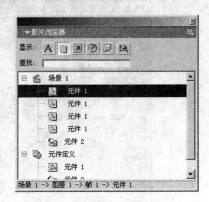

图 5-32　【影片浏览器】面板

设置的颜色显示在场景上就是包含原来属性的效果，和元件设置时所见的有所不同。

在包含有很多元件的实例中选择一个实例，并对其元件进行编辑时，可以直接右击舞台上的某个实例，执行快捷菜单中的【在当前位置中编辑】或【在新窗口中编辑】就可以进入原始元件的编辑环境了。这种方法可以不必在元件库中寻找某个元件，而直接由实例确定元件进行编辑。

对实例对象进行编辑的另外一种方法是，先选中实例对象，再执行【修改】→【分离】命令或者按快捷键 Ctrl+B 将实例打散后进行编辑，此时所编辑的不是实例，更不是原始元件，而是一个分散的图形对象。此时实例对象不复存在，但不影响原始元件。如图 5-33 所示，实例被打散后，内容不再是一个整体，其中心坐标点已经消失。

（a）打散前　　　　　　　　　　（b）打散后

图 5-33　实例打散效果

5.5.2　设置实例的属性

根据实例类型的不同，实例的【属性】面板会有一些差别。但实例的类型却可以通过【属性】面板进行修改变换。如图 5-34 所示，在面板的【按钮】下拉列表中有三个选项，【影片剪辑】、【图形】和【按钮】，选择不同选项，可以实现实例类型的转换。

1. 影片剪辑【属性】面板

该面板如图 5-35 所示。

- 【实例名称】文本框：可以用来改变实例的名称。这个名称可以在程序中被调用。
- 【宽】、【高】、【X】和【Y】等文本框：是用来精确确定实例的大小与位置，单位均为像素。
- 【3D 定位和查看】：该选项卡中的选项是用来定位 3D 对象的。

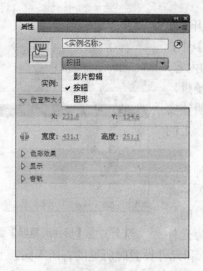

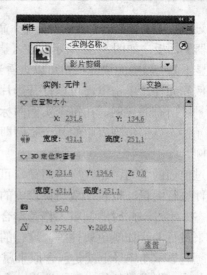

图 5-34   图形元件实例的【属性】面板   图 5-35   影片剪辑【属性】面板

⊃【交换】按钮：单击【交换】按钮可以调出【交换元件】对话框，如图 5-36 所示。在
对话框中间的列表框中，会显示出影片中所有元件的名称和图标，其左边有一个小黑
点的元件是当前选中的元件实例。单击这些元件的名称或图标，即可在对话框内左上
角的显示框中显示出相应元件的外形。

单击这些元件的名称或图标，再单击【确定】按钮，或者双击元件的名称或图标，就可
以改变实例的元件，即使用新的元件实例替代了影片中原有的元件实例。实例更换了元件类
型，但还保留了原来的一些属性。

单击该对话框左下角的"复制元件"按钮 ⊞ ，弹出【直接复制元件】对话框，如图 5-37
所示。在【直接复制元件】对话框中输入元件的名称后，再单击【确定】按钮，即可复制一
个新元件。

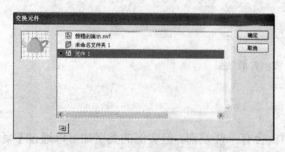

图 5-36   【交换元件】对话框

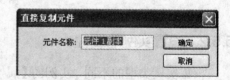

图 5-37   复制新元件

2. 图形实例【属性】面板

该面板如图 5-38 所示。

该面板中，【选项】下拉列表用来选择动画的播放模式，包含【循环】、【播放一次】和【单
帧】等三个选项。选择【循环】选项，表示按照当前实例所占用的帧数来循环包含在该实例
内的所有动画序列。对于图形元件实例，选择【播放一次】选项，表示从用户指定的帧开始
播放动画序列，直到动画结束，停止播放。选择【单帧】选项表示只显示动画序列的一帧，

可以在后面的文本框中指定要显示哪一帧。

3.按钮实例【属性】面板

该面板如图 5-39 所示。该面板中，【选项】下拉列表中有【音轨作为按钮】和【音轨作为菜单项】两个选项，用来选择按钮的跟踪模式。只有【按钮】实例才有此列表。

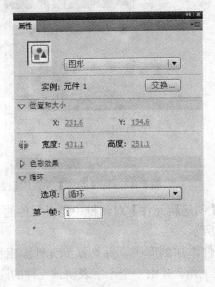
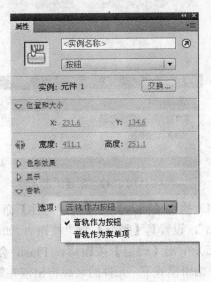

图 5-38　图形实例【属性】面板　　　图 5-39　按钮实例【属性】面板

5.6　元件和实例的应用实例

5.6.1　实例演示 1——按钮的制作

本例主要是通过制作一个按钮元件"button"，实现当鼠标弹起、指针经过、按下、单击按钮时所发生的一系列变化。

（1）新建一个文件。在【属性】面板中将【FPS】（帧频）的数值改为"20"，如图 5-40 所示；或执行【修改】→【文档】命令，在【文档属性】对话框中设置【帧频】为"20"，如图 5-41 所示。

图 5-40　【属性】面板　　　图 5-41　【文档属性】对话框

（2）执行【插入】→【新建元件】命令，在【创建新元件】对话框中设置元件的【名称】

为"ball"，设置其类型为"图形"，如图 5-42 所示。

（3）使用绘图工具栏中的"椭圆工具"在舞台的中央绘制一个没有边线的圆形。并在【颜色】面板中设置【类型】为【放射状】，如图 5-43 所示。

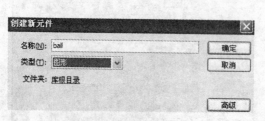

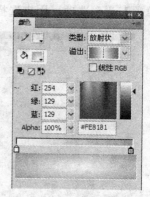

图 5-42 创建图形元件

图 5-43 在【颜色】面板中设置颜色

（4）执行【插入】→【新建元件】命令，在【创建新元件】对话框中定义元件的名称为"button"，设置其【类型】为"按钮"，如图 5-44 所示。

（5）单击【确定】按钮后，Flash 会将该元件添加到库中，并切换到元件编辑模式。在元件编辑模式下，元件的名称将出现在舞台的左上角，并由一个十字表明该元件的注册点，如图 5-45 所示。

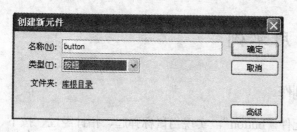

图 5-44 创建按钮元件

图 5-45 元件编辑模式

（6）时间轴将显示按钮的 4 个帧，并且分别标识为"弹起"、"指针经过"、"按下"和"点击"，"弹起"帧是一个空白帧。这时，将图形元件"ball"拖拽到舞台上。此时的【时间轴】面板如图 5-46 所示。

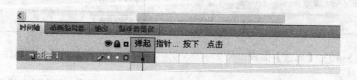

图 5-46 弹起状态

（7）鼠标移动到"指针经过"帧，按下 F6 键，将"弹起"帧复制，然后在【属性】面板中修改元件"ball"的 Alpha 的值为"30%"，并用"任意变形工具"将元件缩小。图形元件设置后的效果及其【属性】面板的设置如图 5-47 所示。

图 5-47　指针经过状态

（8）鼠标移动到"按下"帧，按下 F6 键，将"指针经过"帧复制，然后修改元件"ball"的 Alpha 的值为"60%"，并用"任意变形工具"将元件适当放大，图形元件设置后的效果及其【属性】面板的设置如图 5-48 所示。

图 5-48　按下状态

（9）鼠标移动到"点击"帧，按下 F6 键，将"按下"帧复制，然后修改元件"ball"的 Alpha 的值为"100%"，并用"任意变形工具"将元件适当放大，图形元件设置后的效果及其【属性】面板的设置如图 5-49 所示。

图 5-49　点击状态

（10）回到主场景，然后将这个按钮从元件库中拖拽到舞台上。按 Ctrl+Enter 键测试动画，打开发布的 SWF 文件观看影片的效果，如图 5-50 所示。保存文档为"按钮元件实例.fla"。

5.6.2　实例演示 2——弹性笑脸球的制作

（1）新建一个文档，选择"椭圆形工具"，按住 Shift 键在舞台中创建一个圆形的小球，在工具箱中单击"填充颜色"工具，在弹出的面板中单击"渐变色"按钮，如图 5-51 所示，为小球填充渐变色。

图 5-50　影片测试效果

（2）选择【窗口】→【颜色】命令，打开【颜色】面板，在【类型】下拉列表中选择"放射状"，颜色设置如图 5-52 所示。

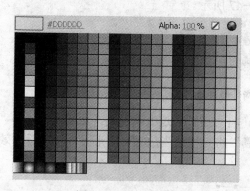

图 5-51　选择颜色

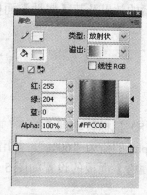

图 5-52　设置【颜色】面板

（3）在工具箱中选择"颜料桶工具"，单击小球填充渐变色，如图 5-53 所示。

（4）为小球添加笑脸。在工具箱选择"线条工具"，并在其【属性】面板中设置线条的【笔触】大小为 4。在小球的适当位置画一条直线作为小球的眉毛，然后选择"选取工具"将直线变为弯曲的曲线，再按住 Alt 键的同时拖动曲线，复制出另外的一条眉毛。用相同的方法画出小球的嘴巴，如图 5-54 所示。

图 5-53　填充小球

图 5-54　添加笑脸

（5）用"选取工具"将笑脸全部选中，单击右键，在快捷菜单中选择【转换为元件】命令，将其转换为元件，在弹出的【转换为元件】对话框中将元件命名为"笑脸"，【类型】设置为"图形"，如图 5-55 所示。

（6）在【库】面板中选择"笑脸"元件，右键单击，在快捷菜单中选择【直接复制】命令，弹出【直接复制元件】对话框，将其命名为"哭脸"，【类型】设置为"图形"，如图 5-56 所示。

图 5-55　【转换为元件】对话框

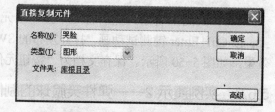

图 5-56　【直接复制元件】对话框

（7）双击"哭脸元件"，进入到该元件的编辑状态，将笑脸改为哭脸，并用"刷子工具"画几滴眼泪，如图 5-57 所示。

（8）元件制作好后，下面来制作动画。回到场景，在【属性】面板中单击【编辑】按钮，设置文档的属性，如图 5-58 所示。

图 5-57　制作哭脸

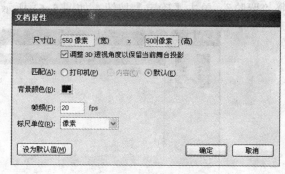

图 5-58　设置文档属性

（9）执行【视图】→【标尺】命令，将标尺显示出来。将"笑脸"元件拖到舞台中，如图 5-59 所示。

图 5-59　将"笑脸"元件拖到舞台

（10）按 F6 键在图层 1 的第 15 帧插入关键帧，并将"笑脸"拖动到如图 5-60 所示的位置。

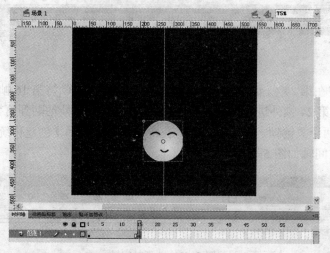

图 5-60　移动"笑脸"

（11）选中"笑脸"元件，在【属性】面板中单击【交换】按钮，弹出【交换元件】对话框，选择"哭脸"，单击【确定】按钮，如图 5-61 所示。

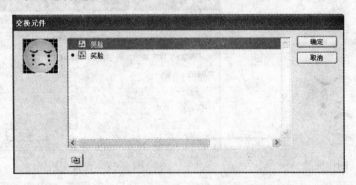

图 5-61　【交换元件】对话框

（12）按 F6 键在第 20 帧插入关键帧。在"哭脸"的下端添加一条辅助线，选择"任意变形工具"在纵向方向将"哭脸"压扁，在横向方向将"哭脸"拉长，并将其移动到下端辅助线的位置，如图 5-62 所示。

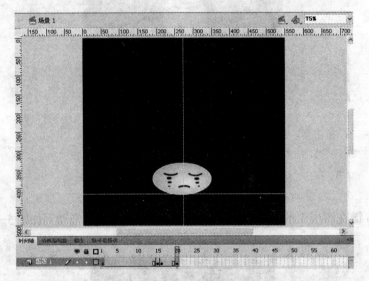

图 5-62　哭脸压扁的效果

（13）按 F7 键在第 24 帧插入空白关键帧。按快捷键 Ctrl+C 将第 16 帧进行复制，按快捷键 Ctrl+Shift+V 在第 24 帧外进行粘贴。相同的方法，将第 15 帧粘贴到第 25 帧，第 1 帧粘贴到第 39 帧。在每两个关键帧之间单击右键，在快捷菜单中选择【创建传统补间】命令来创建传统补间动画。时间轴如图 5-63 所示。

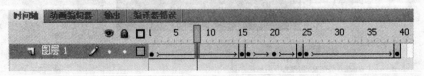

图 5-63　动画时间轴

（14）在第 1 帧和第 15 帧之间任意单击，在【属性】面板中将【缓动】值改为"-100"，如图 5-64 所示。相同的方法，在第 25 帧和第 39 帧之间将【缓动】值改为"100"，这样就达到了"笑脸"小球下落时速度越来越快，上升时速度越来越慢的效果。

图 5-64　设置【缓动】值

（15）接下来制作阴影。将阴影单独放在一个图层中，新建图层 2，并将其拖放到图层 1 的下方。在图层 2 中利用"椭圆工具"按住 Shift 键画一个圆，再选择"任意变形工具"将其压扁，放在如图 6-65 所示的位置。

图 5-65　设置阴影的位置

（16）为达到比较逼真的效果，要让阴影有一个变化的过程。按 F6 键在第 15 帧插入关键帧，将阴影适当放大。在第 20 帧插入关键帧，并再次放大阴影。按 F7 键在第 25 帧插入空白关键帧，按快捷键 Ctrl+C 将第 15 帧进行复制，按快捷键 Ctrl+Shift+V 在第 25 帧外进行粘贴。相同的方法，将第 1 帧粘贴到第 39 帧。在每两关键帧之间创建传统补间动画。时间轴如图 5-66 所示。

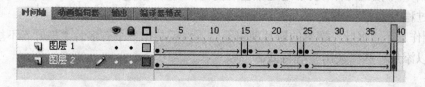

图 5-66　时间轴

（17）动画到此制作结束，按快捷键 Ctrl+Enter，测试影片。保存文档，命名为"弹性笑脸球.fla"。

小结

通过本章的学习，了解到"元件"、"库"和"实例"在 Flash CS4 动画的创建过程中所起的重要作用，它们几乎是创建一个动画的必要元素。常见的元件分为图形、按钮和影片剪辑三种类型，本章详细介绍了三种类型元件的创建和编辑，并介绍了元件库在创作动画过程中的使用技术。元件库就像是一个装有包括元件在内的所有动画元素的文件夹，在库中可以新建、复制、删除元件等。元件本身并不能在动画中展现，而是通过元件实例来展现自身的效果。可以通过设置实例的属性来编辑实例，也可以通过一个元件来获得多个实例。结合几个动画实例，用户进一步地体会到，创建动画的过程，在一定意义上就是创建元件和实例的过程。

习题

一、填空题

1．"元件"主要有_____、_____ 和_____ 三种类型。

2．_____又称为影片片段，是单独的、可以重复使用的一段动画片段。

3．一个按钮元件包含_____、_____、_____和_____四帧。

4．如果要使用其他文档元件库中的元件，可以执行_____命令。

5．Flash CS4 系统自带了很多元件成品，分别存放在公用库的_____、_____和_____三个不同的【库】面板中，可供用户直接使用。

6．每个元件在舞台上的应用可以称为_____。

7．执行快捷菜单_____可以进入原始元件的编辑环境。

8．创建新元件可以执行_____命令也可以按快捷键_____，若要将舞台中的某个图形转换成元件，可以执行_____命令也可以按快捷键_____。

二、简答题

1．简述在动画制作中使用元件的优点。

2．如何复制元件？修改元件的类型有哪些方法？

3．简要说明元件库的功能及其使用。

三、制作题

1．制作一个按钮元件。要求通过颜色的变化来设置"弹起"、"指针经过"、"按下"和"点击"四个过程。

2．制作一个"枫叶"飘落的影片剪辑元件，然后制作一个有多片"枫叶"不规则下落的动画，可以添加一些"淡出"等特效。

第 6 章　动画的创建和编辑

本章要点：

- ☑ 动画制作中的基本概念
- ☑ 逐帧动画及其创建
- ☑ 补间动画的创建与控制
- ☑ 补间形状动画的创建与控制
- ☑ 传统补间动画的创建与控制
- ☑ 高级动画及其创建

6.1　动画制作中的基本概念

Flash CS4 中许多名词都与电影相关，为了便于理解，通常用户都可将动画制作中的概念与电影制作中的概念联系起来，以此来加强对动画的认识与理解。首先来看看制作动画之前必须了解的几个最基本的概念——时间轴和帧。

1．时间轴

在 Flash CS4 中采用了时间轴设计方式来对动画进行设计和制作。简单来讲，时间轴就是一个以时间为基础的线性进度表。设计者可以通过它来设计随着时间的延续而改变的播放内容，从而进一步地来安排动画的每一个动作。

【时间轴】面板一般位于舞台界面的下方，如果在计算机屏幕上无法看到这个面板，用户可以执行【窗口】→【时间轴】命令或执行快捷键 Ctrl+Alt+T。【时间轴】面板如图 6-1 所示。

在【时间轴】面板中遍布着很多设计动画过程中必不可少的项目，如图层、帧等。在面板的最右方，有一个小按钮≡，单击它可以弹出【帧视图】菜单，如图 6-2 所示。选择相应的选项，就可以看到【帧视图】的大小也随之发生变化。还可以在【时间轴】面板中直接设置预览每一帧的缩略内容。有兴趣的用户可以试试不同的【帧视图】显示的效果。

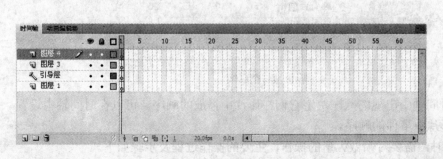

图 6-1　【时间轴】面板　　　　　　　　　　　　　　图 6-2　【帧视图】菜单

2. 帧

帧是构成 Flash 动画的基本单位，它就像使用电影胶片里的影格一样，电影放映时都是一帧一帧连续播放的，标准动态图像的帧频率为 24 fps。由于网络发布的需要，默认情况下，Flash 动画的帧频率为 12 fps。Flash 与电影一样，首先要制作成连续动作的图像，然后再按照时间的顺序逐帧显示出来，由于视觉延续的原因，就成了连续而有动作的画面了。在 Flash CS4 的时间轴中，主要有两种帧格式，一种是关键帧，另一种是帧。

关键帧是用来描述动画中关键画面的帧，每一帧中的画面的内容都是不同的并且是可以更改的，其中包括影片中某个帧的动作脚本的修改。关键帧通常显示影片片断的开始与结束的决定画面。Flash 可以在两个关键帧之间补间或填充帧，而不需要用户编辑中间每一帧的内容就可以生成流畅的动画。它使得创建影片更为简易。可以通过在时间轴中拖动关键帧来更改补间动画的长度。也就是说，只要安排好前后相邻两关键帧的画面内容，Flash 就可以制作出动画作品。关键帧是所有帧的基础，在【时间轴】面板中，它显示为像句号一样的实心圆圈，如图 6-3 所示，"图层 1"中包含 3 个关键帧。其中第 4 帧为空白关键帧，它显示为像句号一样的空心圆圈，表示在舞台上没有内容的关键帧，但它可以包含单独的动作脚本。

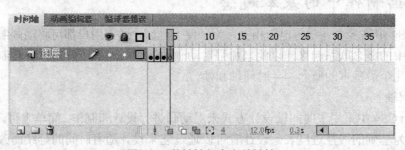

图 6-3　关键帧与空白关键帧

除了关键帧之外，所有出现在【时间轴】面板中的帧都统称为帧。在 Flash 的动画制作模式中，帧往往代表着动画中间的画面，也就是第一帧与最后一帧画面渐变的过程，因此在制作中，它们无法被编辑修改。如图 6-4 所示，除了第 1 帧、第 10 帧和第 20 帧为关键帧外，其余都是帧。这些帧中有空白帧也有静止帧。顾名思义，空白帧中没有任何内容，而静止帧是动画影片中关键帧在 Flash 中的延续，静止帧中显示的内容是关键帧中的内容。如图 6-4 所示，其中第 2 至 9 帧为静止帧，而第 11 至 19 帧是空白帧。

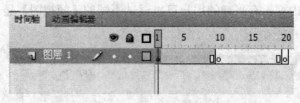

图 6-4　静止帧与空白帧

帧和关键帧在时间轴中出现的顺序决定它们在影片中播放的顺序。可以在时间轴中设置关键帧，从而编辑影片中事件的顺序。

制作 Flash 动画时，需要对帧做大量的操作，主要的操作过程及步骤如下。

（1）创建、插入关键帧

➲ 在【时间轴】面板中的任何一个帧上右击，再从快捷菜单中选择【关键帧】命令，就可以设定该帧为关键帧。

⊃ 通过鼠标选中一个帧后，执行【插入】→【关键帧】命令，也可以设定该帧为关键帧。

⊃ 选中一个帧后，按 F6 键，可以在该帧位置插入一个关键帧，若同层之前的帧中已经有了关键帧，则在此位置插入的是其前面位置关键帧的一个拷贝。

（2）清除关键帧

先选好要删除的关键帧，执行【插入】→【清除关键帧】或按快捷键 Shift+F6，或者直接右击要删除的关键帧，执行快捷菜单中的【清除关键帧】命令。

（3）插入帧

执行【插入】→【帧】或按 F5 命令，或者直接右击要插入的帧，执行快捷菜单中的【插入帧】命令，这样就可以在选定的帧后插入一个和这个选定帧完全一样的过渡帧。

（4）删除帧

要删除帧，可先选取一个或多个帧，执行【插入】→【删除帧】命令，或按快捷键 Shift+F5，或者直接在选中的帧上右击，从快捷菜单中选择【删除帧】命令，即可将选定的帧删除。

（5）选取所有帧

在图层栏的空白处右击，从快捷菜单中选择【选择所有帧】命令，就可将所有的有效帧选定，以方便用户进行整体移动、复制等操作。

（6）复制和粘贴帧

选取需要复制的一个或多个帧，在被选定的帧上右击，在快捷菜单中选择【拷贝帧】命令，在需要进行粘贴的位置右击，在快捷菜单中选择【粘贴帧】命令即可粘贴。

（7）翻转帧

使用【翻转帧】命令可以使所选定的一组帧按照顺序翻转过来，能将最后一帧变为第一帧，而将第一帧变为最后一帧，形成一个倒带的效果。一般此效果与【拷贝帧】和【粘贴帧】结合起来使用会十分方便。

另外，在创建动画过程中，对帧进行不同的操作时，【时间轴】面板中的帧就会以不同的内容显示，具体内容的含义如下。

当显示蓝色背景时，表示这种动画为补间动作动画，在编辑组件动画时选择，如图 6-5 所示。

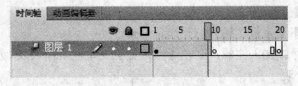

图 6-5　补间动作动画

当显示黑色箭头，绿色背景时，表示这种动画为补间形状，在编辑原始图时选择，如图 6-6 所示。

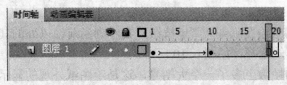

图 6-6　补间形状动画

当显示黑色箭头，淡紫色背景时，表示这种动画为传统补间，在编辑原始图时选择，如图 6-7 所示。

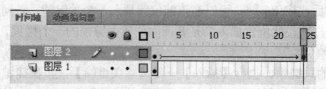

图 6-7　传统补间动画

虚线表示在制作补间动画时出现错误，需要用户检查开头与结尾的关键帧的属性后再进行操作，如图 6-8 所示。

图 6-8　错误的补间动画

当帧上有一个小写字母 "a" 时，表示这个帧已经设定了某个特定动作。如图 6-9 中第 1 帧和第 18 帧所示。

帧上的小旗帜图标代表该帧有名称，如图 6-9 中第 1 帧所示。

帧上有 "//" 符号表示该帧含有注解，如图 6-9 中第 10 帧所示。

图 6-9　帧的名称和注解

如果要为某些特定的关键帧进行标记或加入注解时，操作如下。

（1）单击选取要加入标记的关键帧。

（2）打开【属性】面板。

（3）在【帧标签】文本框中输入标记名称即可。

（4）如果要对某个帧加入注解，则在【帧标签】文本框中输入以 "//" 开头的字符即可。

3．关于绘图纸外观

一般情况下，在编辑区域内看到的所有内容都是同一帧里的，如果使用了绘图纸外观功能可以同时看到多个帧中的内容。这样便于比较多个帧内容的位置，使用户更容易安排动画、给对象定位等。

（1）绘图纸外观

单击时间轴下方的 "绘图纸外观" 按钮，会看到当前帧以外的其他帧，它们以不同的透明度来显示，但是不能选择，如图 6-10 所示。

这时，在时间轴的帧数上多了一个大括号，这是绘图纸外观的显示范围，只需要拖动该大括号，就可以改变当前绘图纸外观工具的显示范围了。

（2）绘图纸外观轮廓

单击时间轴下方的"绘图纸外观轮廓" 按钮，在舞台中的对象只会显示边框轮廓，而不显示填充，如图 6-11 所示。

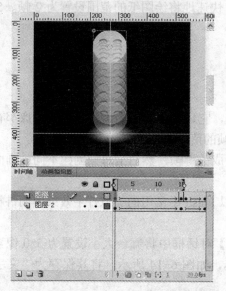

图 6-10　使用绘图纸外观模式

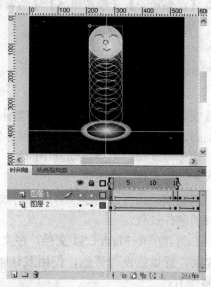

图 6-11　使用绘图纸外观轮廓模式

（3）编辑多个帧

单击时间轴下方的"编辑多个帧" 按钮，在舞台中只会显示关键帧中的内容，而不显示补间的内容，并且可以对关键帧中的内容进行修改，如图 6-12 所示。

（4）修改绘图纸标记

单击时间轴下方的"修改绘图纸标记" 按钮，会显示如图 6-13 所示的弹出式菜单。该模式可以对绘图纸外观的显示范围进行控制。

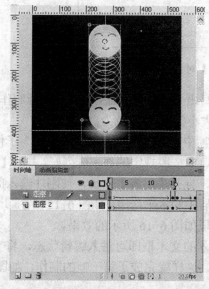

图 6-12　使用编辑多个帧模式

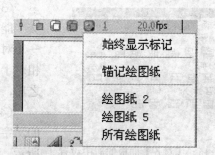

图 6-13　"修改绘图纸标记"菜单

⊃ 【总是显示标记】：选中后，不论是否启用绘图纸外观模式，都会显示标记。

⊃ 【锚定绘图纸】：在默认情况下，启用绘图纸范围是以目前所在的帧为标准的，如果当前帧改变，绘图纸的范围也会跟着变化。

⊃ 【绘图纸 2】、【绘图纸 5】、【所有绘图纸】：快速地将绘图纸的范围设置为 2 帧、5 帧及全部帧。

6.2　逐帧动画

逐帧动画通过修改每一帧中的内容来产生动画，它适合于复杂的、每一帧的图像都有变化的动画。在逐帧动画中，Flash 会保存每个完整帧的值。

创建逐帧动画，需要将动画中的每一帧都设置成关键帧，然后给每帧创建不同的画面或是导入不同的元件、图像等。

运用逐帧动画可以创建很多逼真的效果，下面以 Flash 中常用的类似打字效果为例讲解逐帧动画的制作过程。

（1）新建一个 Flash CS4 文档，在文档【属性】对话框中将舞台大小设置为 550 像素×400 像素，背景色设为黑色，使用默认帧频 20 fps，如图 6-14 所示。将其保存为"文字动画的制作.fla"。

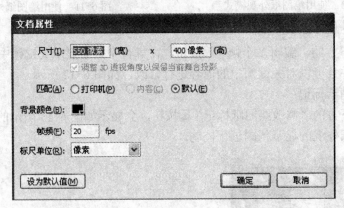

图 6-14　【文档属性】对话框

（2）选中第 1 帧，使用"文本工具"在舞台上写出全部文字"zhxr Flash 动画制作组"。在【属性】面板中设置字体为楷体_GB2312，字体大小为 30，颜色为白色。

（3）在第 1 帧中就把文字全部书写出来是为了使整行文字能在舞台窗口中按照规定的要求排列好，执行【窗口】→【对齐】命令，打开【对齐】面板，使刚才输入的文字相对于舞台垂直居中和水平居中，如图 6-15 所示。设置完之后，文本会出现如图 6-16 所示的效果。

（4）双击刚才的文本框即可进入编辑状态，将文本框的文字改为"z"，这样就完成了第一帧的制作，如图 6-17 所示。

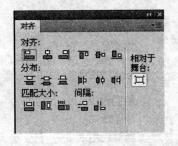

图 6-15　【对齐】面板的居中设置

图 6-16　处于舞台正中的文本框

图 6-17　第 1 帧的制作

（5）制作完第 1 帧后，在第 2 帧右击，选择快捷菜单中的【插入关键帧】命令，或直接按 F6 键就可在第 2 帧插入一个关键帧。

（6）用与第（4）步相同的方法，将第 2 帧文本框中的文字改为"zh"。

（7）重复第（5）、（6）步的操作，每增加一帧就增加一个字符，到最后一帧将所有文字写完。

（8）执行【窗口】→【工具栏】→【控制器】命令，可以观看打字效果的动画。

6.3　基本动画

创作动画除了有逐帧动画外，还有另外三种基本动画方式：补间动画、补间形状和传统补间。

6.3.1　补间动画

补间是通过一个帧中的对象属性指定一个值，并为另一个帧中相同对象的属性指定另一个值创建的动画。

在 Flash CS4 中新增了"属性关键帧"，属性关键帧是在补间范围中，为补间目标对象显式定义一个或多个属性值的帧。"关键帧" 和"属性关键帧"的概念有所不同。"关键帧"是指时间轴中其元件实例首次出现在舞台上的帧。而"属性关键帧"是指在补间动画的特定时间或帧中定义的属性值。

在【动画编辑器】面板中可以查看所有补间属性及其属性关键帧。它还提供了向补间添加精度和详细信息的工具。动画编辑器显示当前选定的补间的属性，在时间轴中创建补间后，动画编辑器允许用户以多种不同的方式来控制补间。

选择时间轴中的补间范围或者舞台上的补间对象及运动路径后，动画编辑器会显示该补间的属性曲线。属性曲线显示在网格上，该网格表示发生选定补间的时间轴的各个帧。在时间轴和动画编辑器中，播放头将始终出现在同一帧编号中。【动画编辑器】面板如图 6-18 所示。

图 6-18　【动画编辑器】面板

6.3.2　补间形状

补间形状也就是形状变形动画的简称，它是指形状逐渐发生变化的动画。补间形状和补间动画的主要区别在于：补间形状动画中的动画对象只能是矢量图形；而组对象和符号实例对象等都不能直接创建形状动画；并且制作补间形状动画时，动画的结束帧和起始帧必须在同一个图层上。

6.3.3　制作补间形状动画

补间形状动画为我们制作形状发生变化的动画提供了很大的方便，下面就以一实例来介绍它的制作方法。

（1）新建一个文档，将其保存为"补间形状动画.fla"。在图层 1 的第 1 帧上创作一幅哭脸动物图片作为起始帧。如图 6-19 所示。

（2）在【时间轴】面板上，选择第 30 帧插入一个关键帧，在该将哭脸改为笑脸，如图 6-20 所示。

（3）选择制作好的起始关键帧，在【属性】面板的【名称】文本框中为关键帧进行命名，命名为"ku"，如图 6-21 所示。

图 6-19　第 1 帧的制作　　　　图 6-20　第 30 帧关键帧的制作　　　　图 6-21　为关键帧命名

（4）在起始关键帧插入"补间形状"动画，执行【插入】→【补间形状】命令，【时间轴】面板如图 6-22 所示的效果。

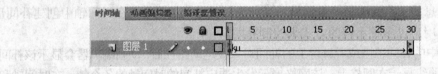

图 6-22　时间轴上帧的变化

如果形状动画产生错误时，从起始帧到结束帧的过程中就会产生虚线的效果，如图 6-23 所示。此时，按 Enter 键测试动画就会发现除了结束帧不同于第 1 帧外，其余都是起始帧的效果，无法显示形状变化的效果。

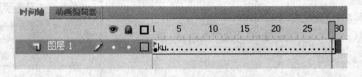

图 6-23　发生错误时时间轴上帧的变化

　　形状动画正确完成后，单击动画中的每一帧，都能看到对象在整个动画变化中的样式。如图 6-24、图 6-25、图 6-26 所示的分别是形状动画在第 8 帧、第 15 帧和第 25 帧中的效果。（注意观察此动物面容中的耳朵和嘴形的变化）

图 6-24　形状动画在
第 8 帧中的效果

图 6-25　形状动画在
第 15 帧中的效果

图 6-26　形状动画在
第 25 帧中的效果

6.3.4　对补间形状动画的控制

　　在帧【属性】面板的【补间】选项区中还有另外两个重要的选项经常需要设置，即【缓动】和【混合】选项，如图 6-27 所示。

　　【缓动】选项用于调整过程帧变化速率的加速度，它的数值范围规定在 -100～100 之间。用户可以直接输入数值来进行设定。在 Flash CS4 中，【缓动】选项默认值为"0"，这表示过程帧以匀速运动变化，这是一般动画采用的方式。当输入的数值是负值时，帧变化的速率逐渐加大，形状动

图 6-27　【缓动】和【混合】选项

画呈加速度（先慢后快）变化；当输入的数值是正值时，帧变化的速率逐渐减小，形状动画呈减速度（先快后慢）变化。

　　【混合】选项用于选择补间形状动画在形状上的两种方式，即【分布式】和【角形】两种。使用【分布式】方式时，创建的动画在变化过程中形状比较平滑和不规则，这种方式在处理对象的平滑过渡时比较常用，是 Flash 默认选项；而当使用【角形】方式创建动画时，动画变形过程中会保留明显的角和直线，这种方式主要处理规则图形的变化，如线段、方块等的变形。

6.3.5　传统补间动画

　　传统补间动画是一种比较有效地产生动画效果的方式，还能减小文件的大小。在传统补间动画中，Flash 保存的是帧之间的不同数据，在逐帧动画中，Flash 保存的是每一帧的数据。

　　传统补间动画需要在一个点定义实例的位置、大小及旋转角度等属性，然后才可以在其他的位置改变这些属性，从而由这些变化来产生动画。Flash 能为它们之间的帧内插值或内插图形，从而产生动画效果。

6.3.6　对传统补间动画的控制

传统补间动画的【属性】面板如图 6-28 所示。

- ⊃ 【缓动】选项的作用和设置与"补间形状动画"【属性】面板中的【缓动】选项相同。
- ⊃ 【编辑缓动】按钮：单击该按钮可以在如图 6-29 所示的【自定义缓入/缓出】对话框中自行定义缓动的方式。

图 6-28　【属性】面板

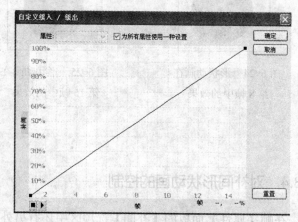

图 6-29　【自定义缓入/缓出】对话框

- ⊃ 【旋转】：可以选择"自动"旋转，"顺时针"旋转和"逆时针"旋转等几种方式。若选择了"顺时针"或"逆时针"旋转，则可以在其后的文本框中输入需要旋转的次数。
- ⊃ 【调整到路径】：选中时，对象会按照引导层所设置的路径移动和旋转。
- ⊃ 【同步】：可以确保实例在主影片中正确地循环播放。如果元件中动画序列的帧数不是影片中图形实例占用的帧数量的偶数倍，可以设置【同步】命令。通常引导动画都是进行【同步】设置。
- ⊃ 【缩放】：能实现组或符号的尺寸变化。

6.3.7　课堂实例演示——利用补间动画制作淡入淡出的文字效果

下面通过利用补间动画来制作一个展示文字对象淡入淡出的动画效果。

（1）新建一个文档，将其保存为"淡入淡出文字效果.fla"，选中第 1 帧，在绘图工具栏中选择"文本工具"，并在舞台中编写文本"运动动画例子"字样，如图 6-30 所示。

（2）在第 1 帧被选中状态下，执行【插入】→【转换为元件】命令，或使用快捷键 F8 将文字对象转换为元件，打开【转换为元件】对话框，如图 6-31 所示。设置【名称】为"文字"。【类型】为"图形"，单击【确定】按钮。

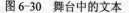

图 6-30　舞台中的文本

图 6-31　【转换为元件】对话框

（3）单击第 1 帧，在舞台中选择中间带有"十"字符号的"文字"实例对象，在【属性】面板中，将【位置和大小】选项区中 X 的值设为"-212"，在【色彩效果】选项区中，在【样式】下拉菜单中选择【Alpha】，并调整 Alpha 的值为"20%"，如图 6-32 所示。

（4）此时，【文字】实例被放置在舞台的外面，离舞台左侧 180 像素，并且其透明度有一定的变化，如图 6-33 所示。

图 6-32　设置元件实例属性　　　　　　图 6-33　舞台外的实例对象

（5）单击【时间轴】上第 20 帧，执行【插入】→【关键帧】命令，或按快捷键 F6，在"图层 1"上的第 20 帧处插入一个关键帧，如图 6-34 所示。

（6）单击第 20 帧，在舞台之外选中"文字"实例，并修改其属性，其中【位置和大小】中的 X 值设为"180"，【色彩效果】选项中的 Alpha 的值为"100%"，如图 6-35 所示。此时，"文字"实例出现在舞台的中央。

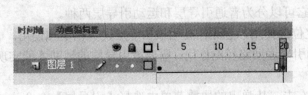

图 6-34　插入关键帧　　　　　　　　　图 6-35　设置实例于舞台中央

（7）重复第（5）步，在【时间轴】第 40 帧处插入一个关键帧，如图 6-36 所示。

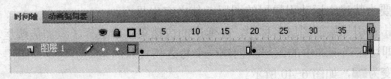

图 6-36　插入关键帧

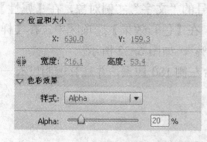

图 6-37　淡出的实例属性设置

（8）单击第 40 帧，在舞台上选中"文字"实例，并修改其【属性】，其中【位置和大小】中的 X 值设为"600"，选择【样式】选项中的【Alpha】并将其值设为"20%"，如图 6-37 所示。此时，"文字"实例再次出现在舞台的外面，并且变得很透明，只是这一次出现在舞台的右侧。

（9）在每两个关键帧之间任意右击，选择快捷菜单中的【创建传统补间】命令，创建传统补间动画，其【时间轴】面板如图 6-38 所示。

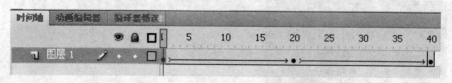

图 6-38　创建传统补间动画

（10）执行【窗口】→【工具栏】→【控制器】命令，可以观看对象的动画效果。

6.4　高级动画

高级动画可以实现比基本动画更丰富的动画效果，常见的高级动画包括引导线动画、遮罩动画、反向运动等。

6.4.1　引导线动画

基本的补间动画只能使对象产生直线方向的移动，而对于一个曲线运动，就必须不断地设置关键帧，为运动指定路线。为此，Flash 提供了一个自定义运动路径的功能。这个功能可在运动对象的上方添加一个运动路径的层，然后用户可在该层中绘制对象的运动路线，让对象掩盖路线运动。播放时，该层是隐藏的。运用引导层可以绘制路径，补间实例、组或文本块均可以沿着这些路径运动。也可以将多个层链接到一个运动引导层，使多个对象沿同一条路径运动。

引导层在影片制作中起辅助作用，它可以分为普通引导层和运动引导层两种。

- 普通引导层：起辅助静态对象定位的作用，它无需使用被引导层，可以单独使用。
- 运动引导层：在制作动画时起到引导运动路径的作用，需要被引导层的辅助才能实现其功能。

建立普通引导层的方法：在图层上右击，从弹出的快捷菜单中选择【引导层】命令，该图层则变为普通引导层，图层名称前面的图标将变为■，如图 6-39 所示。

建立运动引导层的方法如下：

- 单击要为其建立运动引导层的图层，使之突出显示；
- 再右击被引导层的图层名称栏，在弹出的快捷菜单中选择【添加传统运动引导层】命令，即可在当前选中的图层上创建一个与之相关联的运动引导层。图层名称前面的图标将变为■，如图 6-40 所示。

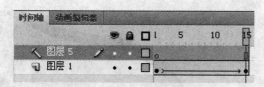

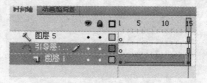

图 6-39　普通引导层　　　　　　　　　　图 6-40　运动引导层

6.4.2　课堂实例演示——用引导线制作引导汽车动画

在动画制作过程中，创建引导线作为对象运动的轨迹，这里列举一个通过引导层创建对象的动画效果的实例。

（1）新建一个文档，并设置文档属性，其中【尺寸】为 550 像素×400 像素，【背景色】为"灰色"，将其保存为"引导汽车.fla"，如图 6-41 所示。

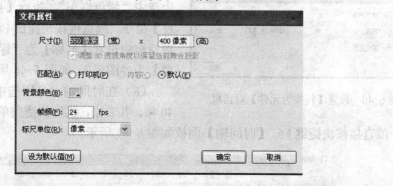

图 6-41　设置文档属性

（2）双击"图层 1"，更改名称为"道路"。选取绘图工具栏中的"铅笔工具"（或直接按快捷键 Y），在舞台上绘制道路（主要绘制几条黑色的路边缘），如图 6-42 所示。

（3）单击【时间轴】面板中的"新建图层"按钮 ，增加一个图层，命名为"绿色车"。

（4）利用绘图工具栏中的绘图工具，主要有"直线工具"、"铅笔工具"、"椭圆工具"等，绘制一个基本的汽车外观，再利用"颜色桶工具"将汽车填充为绿色，如图 6-43 所示。

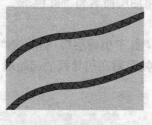

图 6-42　绘制道路　　　　　　　　　　图 6-43　绘制汽车

（5）右击"绿色车"图层，选择快捷菜单中的【添加传统运动引导层】命令，并命名为"绿车引导层"，如图 6-44 所示。

（6）单击"绿车引导层"第 1 帧，利用"铅笔工具"在舞台的道路上绘制一个从左向右的平滑曲线，即引导线，如图 6-45 所示。

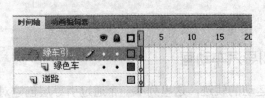

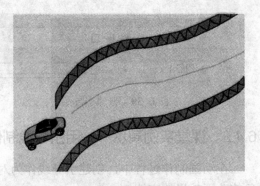

图 6-44　添加引导层　　　　　　　　　图 6-45　创建引导线

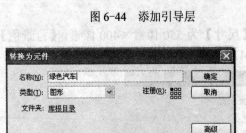

图 6-46　设置【转换为元件】对话框

（7）选中"绿色车"图层的第 1 帧，在舞台上选中"绿色汽车"，执行【插入】→【转换为元件】命令，或直接按快捷键 F8，在【转换为元件】对话框中设置【名称】为"绿色汽车"，设置【类型】为"图形"，如图 6-46 所示。

（8）在时间轴上分别选中以上三个图层的第 40 帧，并右击，执行快捷菜单中的【插入关键帧】命令，或直接按快捷键 F6，【时间轴】面板如图 6-47 所示。

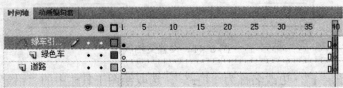

图 6-47　插入关键帧

（9）单击"绿色车"图层第 1 帧，利用"选择工具"将舞台中的"绿色车"吸附至引导线的起始端（类似于车道的下坡段），单击"绿色车"图层第 40 帧，将"绿色车"吸附至引导线的终端（类似于车道的上坡段）。

（10）在"绿车引导层"上方，新增一个图层，并将图层命名为"红色车"。将"绿色汽车"元件拖到"红色车"图层第 1 帧并填充红色。

（11）按上述步骤（5）～（9），为"红色车"添加"红车引导层"，然后将"红色车"元件分别在第 1 帧吸附在引导线的末端（上坡段），第 40 帧吸附在引导线的起始端（下坡段）。

（12）单击"绿色车"第 1 帧，执行【插入】→【传统补间】命令，在第 1 帧插入传统补间动画，在其【属性】面板的【补间】选项区中，将【缓动】选项设置成"50"，（实现汽车在爬坡过程中由快到慢的变化），【旋转】选项选择为"自动"，并选中【同步】、【缩放】和【贴紧】复选框，如图 6-48 所示。

图 6-48　设置"绿色车"第 1 帧属性

（13）在"绿色车"图层的第 1～40 帧之间选择性地插入若干关键帧，并调整关键帧位置"绿色车"元件的具体位置，使得元件更加准确的吸附在"绿车引导线"上。

（14）同步骤（12），调整"红色车"帧属性，唯一变化的是将这里的【缓动】选项设置成"-50"，（实现汽车在下坡过程中由慢到快的变化），同样调整"红色车"元件，使其吸附在"红车引导线"上，设置完成后的【时间轴】面板如图 6-49 所示。动画在起始帧的效果如图 6-50 所示，结束帧的效果如图 6-51 所示。

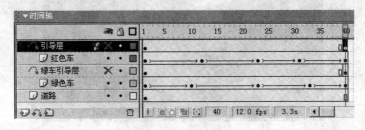

图 6-49　【时间轴】面板

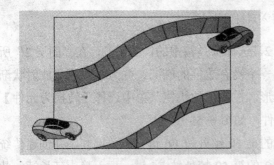

图 6-50　起始帧效果

图 6-51　结束帧效果

（15）执行【窗口】→【工具栏】→【控制器】命令，或按快捷键 Ctrl+Enter 可以观看对象的动画效果。

> 　　在设置汽车元件吸附引导线时，除了确定正确的位置外，还可以利用"任意变形工具"适当调整元件的外观，使得动画符合实际，更加逼真。其中【缓动】值就是用来调整汽车上下坡时速度的变化。

6.4.3　遮罩动画

遮罩用于将某层作为遮罩层。遮罩层的下一层是被遮罩层；只有在遮罩层的填充色块之下的内容才可见，色块本身是不可见的。遮罩的项目可以是填充的形状、文本对象、图形元件实例和影片剪辑元件。一个遮罩层下方可以包含多个被遮罩层，按钮不能用来制作遮罩。

6.4.4　课堂实例演示——利用遮罩动画制作浏览照片动画

（1）执行【文件】→【新建】命令，新建一个文档。设置文档【尺寸】为 550 像素×400 像素，【背景色】为"白色"。

（2）执行【文件】→【保存】命令，将其保存为"浏览照片.fla"。

（3）选择【文件】→【导入】→【导入到舞台】命令，或按快捷键 Ctrl+R，以"各章实例\第 6 章\"目录下的图片素材为例,将图片素材导入到舞台。选中导入的图片,右击,在弹出的快捷菜单中选择【转换为元件】命令将其转换为元件,如图 6-52 所示。

图 6-52　导入素材照片

图 6-53　椭圆元件

(4)新建图层 2,选择工具箱中的椭圆工具,在"图层 2"所对应的舞台中绘制一个没有边框的椭圆,并为椭圆填充放射状渐变,右击该椭圆图形,在弹出的快捷菜单中选择【转换为元件】命令将其转换为元件,如图 6-53 所示。

(5)在图层 1 的第 60 帧处按 F6 键插入关键帧,并创建传统补间动画。在图层 2 的第 60 帧处按 F5 键,插入静止延长帧。此时的【时间轴】面板如图 6-54 所示。

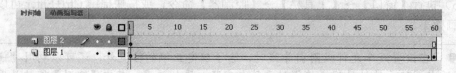

图 6-54　【时间轴】面板

(6)选择图层 1 第 1 帧的图形元件,将其与椭圆对齐到如图 6-55 所示的位置。

(7)选择图层 1 第 60 帧的图形元件,将其与椭圆对齐到如图 6-56 所示的位置。

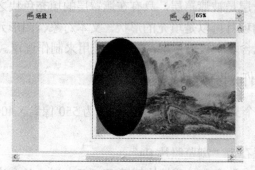 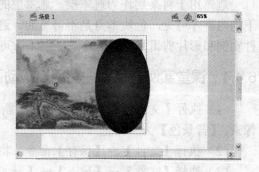

图 6-55　图形元件与椭圆在第 1 帧的位置　　　　图 6-56　图形元件与椭圆在第 60 帧的位置

（8）右击图层 2，在弹出的快捷菜单中选择【遮照层】命令。此时的【时间轴】面板如图 6-57 所示。

图 6-57　【时间轴】面板

（9）在图层 2 的上方新建图层 3，在【库】面板中，将椭圆元件拖到舞台中心，如图 6-58 所示。

图 6-58　椭圆元件在舞台中的位置

（10）选择图层 3 中的图形元件，在【属性】面板中设置其 Alpha 值为"50%"。

（11）按住 Shift 键，选择图层 1 和图层 2 中的所有帧，右击，在弹出的快捷菜单中选择【复制帧】命令。

（12）在图层 3 的上方新建图层 4，右击图层 4 的第 1 帧，在弹出的快捷菜单中选择【粘贴帧】命令，把图层 1 和图层 2 中的所有内容粘贴到图层 4 中。此时的【时间轴】面板如图 6-59 所示。

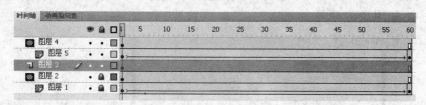

图 6-59　【时间轴】面板

（13）至此动画制作完成。选择【控制】→【测试影片】命令，或按快捷键 Ctrl+Enter，浏览动画的效果。如图 6-60 所示为动画的一瞬间。

图 6-60　影片效果

6.4.5　骨骼动画

在 Flash CS4 中，引入了专业动画软件所支持的骨骼动画，使得 Flash 对角色动画的支持提升到了一个新的高度。骨骼动画是一种使用骨骼的关节结构对一个对象或彼此相关的一组对象进行动画处理的方法。使用骨骼，元件实例和形状对象可以按复杂而自然的方式移动，同时只需做很少的设计工作。

可以向单个形状或单独的元件实例内部添加骨骼。在一个骨骼移动时，与其相关的其他连接骨骼也会移动。在使用反向运动进行动画处理时，只需指定对象的开始位置和结束位置。通过反向运动，可以轻松地创建自然的运动。

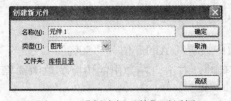

图 6-61　【创建新元件】对话框

骨骼工具的使用方法如下。

（1）执行【文件】→【新建】命令新建一个文档。

（2）执行【插入】→【新建元件】命令，打开【创建新元件】对话框，在【名称】文本框输入"元件 1"，【类型】设置为"图形"，【新建元件】对话框如图 6-61所示。

（3）选择绘图工具栏中的"线条工具"，在【属性】面板中，将"笔触颜色"设为"蓝色"，将【笔触】设为"10"。 在舞台中绘制一条竖直方向的直线。相同的方法，再绘制元件 2，元件 3，元件 4，如图 6-62 所示。

元件 1　　　　　　　　元件 2　　　　　　　　元件 3　　　　元件 4

图 6-62　绘制元件

（4）将【库】面板中的 1～4 图形元件拖到舞台中，然后如图 6-63 所示布置元件。

（5）选择图层 1 的第 1 帧，在元件 1 的底部添加元件 5，作为支架的底座，如图 6-64 所示。

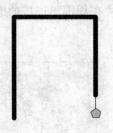

图 6-63　布置元件

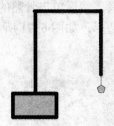

图 6-64　添加底座

（6）选择"骨骼工具"，然后单击元件 1 的下端并将其拖动到与元件 2 的重叠处，创建第一个骨骼。这样便利用骨骼工具将元件 1 和元件 2 连接了起来，如图 6-65 所示。

（7）单击连接元件 1 和元件 2 的支点处，即关节所在处，然后将其拖动到元件 3 的上端，这样就将元件 2 和元件 3 连接了起来，如图 6-66 所示。接下来用同样的方法连接元件 3 和元件 4，如图 6-67 所示。

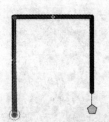 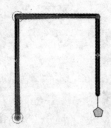 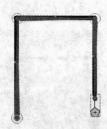

图 6-65　连接元件 1 和元件 2　　图 6-66　连接元件 2 和元件 3　　图 6-67　连接元件 3 和元件 4

（8）查看【时间轴】面板可以发现，生成了一个新图层——骨架_1，如图 6-68 所示。

（9）利用"选择工具"选择任意一节骨骼，按住鼠标左键可以随意拖动来改变骨骼的方向，如图 6-69 所示。

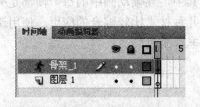

图 6-68　【时间轴】面板中的新图层

图 6-69　利用"选择工具"移动骨骼

6.4.6　绑定工具

绑定工具通常与骨骼工具同时使用。在具有分离属性的对象中创建骨骼时，绑定工具常用于连接分离后对象的特定位置。

（1）在新窗口中绘制具有分离属性的四边形，然后使用骨骼工具绘制骨骼，如图 6-70 所示。

（2）选择绑定工具，然后单击骨骼的关节处，这样在周围已连接的地方，或要连接的棱角处会生成黄色的四边形，如图 6-71 所示。

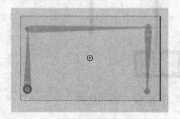
图 6-70　绘制骨骼

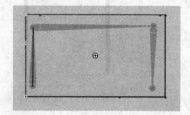
图 6-71　利用绑定工具进行连接

（3）拖动骨骼的关节，将其与四边形连接起来。只有在要连接时才会显示黄色的连接线，以后将不会显示任何内容。此时可以设置多个连接线，如图 6-72 所示。

（4）使用选择工具拖动已连接的关节部分，可以发现，所选的棱角部分会和关节一起运动，如图 6-73 所示。

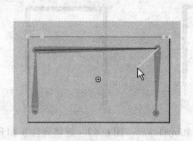
图 6-72　将骨骼与四边形连接

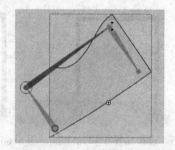
图 6-73　骨骼与四边形一起运动

小结

通过本章的学习，了解到 Flash 动画的基本类型和基本原理。本章通过多个实例，详细地介绍了利用 Flash CS4 中创建动画的基本过程和实用技术。其中包括逐帧动画、补间动画、补间形状、传统补间、遮罩动画、骨骼动画等。其中，逐帧动画中的每一帧都是关键帧，并且需要用户自己创作其中的每一帧；遮罩动画是几种技术比较综合的应用。使用遮罩动画，可以融合前面讲述的几种动画制作技巧，制作出丰富的效果。

习题

一、填空题

1. 使用＿＿＿＿＿＿命令，可以将选定的一组帧按照相反的顺序播放。

2. Flash CS4 中，除了逐帧动画外，还有＿＿＿＿＿、＿＿＿＿＿和＿＿＿＿＿基本动画方式。

3．要创建逐帧动画，需要将动画中的每一帧都设置成_____，其中每一帧都可以分别编辑。

4．单击选中某一帧，执行_____命令或按_____键可以在该帧位置插入一个关键帧，执行_____命令或按_____键可以在该帧位置插入一个空白关键帧。

5．要制作图形变形的动画效果，必须对图形进行_____操作。

6．在制作引导线动画时，引导图层和动画图层的位置关系是_____。

二、简答题

如何对帧添加标记或加入注解？

三、制作题

1．制作一个简单的逐帧动画。

2．制作一个简单的遮罩动画。

3．制作一个简单的骨骼动画。

第7章 位图和声音的使用

本章要点:

☑ 位图与矢量图
☑ 位图的编辑和使用
☑ 事件声音与流式声音
☑ 声音在动画影片中的应用
☑ 声音效果的编辑和压缩

7.1 导入图形

在制作动画的过程中,常常需要从外部导入一些现成的元素,使其成为 Flash 动画影片中的一部分。这些元素包括图形、声音和视频等。其中图形就是十分重要的资源,要使用这些资源,第一步就是要导入。

7.1.1 Flash CS4 支持的图形文件

图形文件包含矢量图和位图两种,Flash CS4 也支持这两种图形文件。但是通过 Flash CS4 绘制的图形都是矢量图,它的优点是:矢量图无论采用缩放、旋转等何种编辑方式,都会保持原有的清晰度,不会失真;矢量图的文件要比位图文件小得多,特别适合网上上传、下载等。

7.1.2 从外部导入位图

当制作动画时,需要表现比较真实的画面时,通常将位图导入影片进行编辑。Flash 能将插图导入到当前 Flash 文档的舞台中或导入到当前文档的库中;也可以通过将位图粘贴到当前文档的舞台中来导入它们。所有直接导入到 Flash 文档中的位图都会自动添加到该文档的库中,导入位图的方法有两种:从 Flash 的库中直接调用和从外部导入。

1. 导入 JPG 和 GIF 图像

（1）执行【文件】→【导入】→【导入到舞台】命令或按快捷键 Ctrl+R,如图 7-1 所示。

（2）在打开的【导入】对话框中,选中所需的图片。如图 7-2 所示,选中了一张"蚂蚱"的照片。

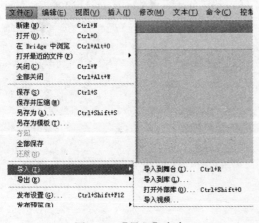

图 7-1 【导入】命令

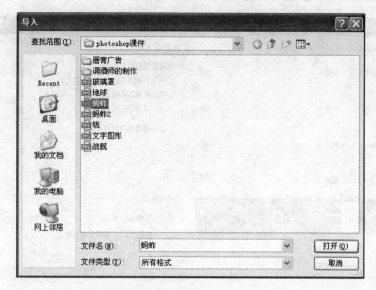

图 7-2　【导入】对话框

（3）单击【打开】按钮，出现如图 7-3 所示的提示框，提示用户是导入序列图像文件还是导入选中的图片。

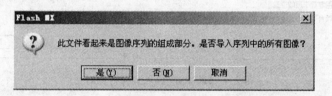

图 7-3　提示窗口

（4）单击【是】按钮，表示选中了序列图片并导入，单击【否】按钮，表示选中了单张图片。单击【取消】按钮，表示取消导入操作。当图片被导入后，图片同时也被放入了当前文件的素材库中。

在 Flash CS4 中，执行【文件】→【导入到库】命令可以将图片直接引入到当前文件的素材库中。

　　　🖋　导入图片时，可以同时选择多幅图片进行导入。如果图片与 Flash CS4 不兼容时，就会弹出一个警示窗口，说明该文件不能被导入，用户需单击【确定】按钮取消导入操作。导入到 Flash 中的图形文件的大小至少需达到 2 像素 × 2 像素。如果导入的对象是 SWF 动画文件，则显示的将是按帧排列的画面，而不能将原文件的层、动作等相关的其他属性导入。

2. 导入 PSD 文件

Flash 在保留图层和结构的同时，可以导入和集成 Photoshop（PSD）文件，然后在 Flash 中编辑它们。还可以使用高级选项在导入过程中优化和自定义文件。

导入 PSD 文件的方法与导入 JPG 文件的方法相同，但选中要导入的 PSD 文件后会弹出如图 7-4 所示的对话框。

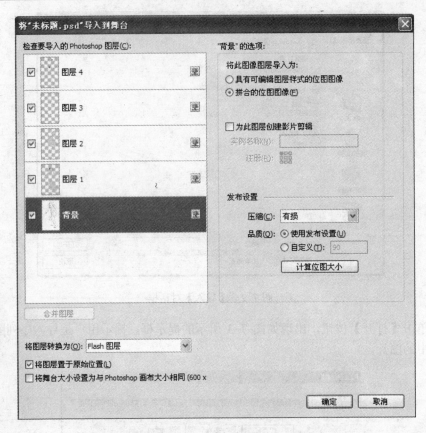

图 7-4 【将 PSD 导入到舞台】对话框

⮑ 【将图层转换为】：选择【Flash 图层】选项会将 Photoshop 文件中的每个层都转换为 Flash 文件中的一个层。选择【关键帧】选项会将 Photoshop 文件中的每个层都转换为 Flash 文件中的一个关键帧。选择【单一 Flash 图层】选项会将 Photoshop 文件中的所有层都转换为 Flash 文件中的单个平面化的图层。

⮑ 【将图层置于原始位置】：在 Photoshop 文件中的原始位置放置导入的对象。

⮑ 【将舞台大小设置为与 Photoshop 画布大小相同】：将舞台尺寸和 Photoshop 的画布设置成相同的大小。

⮑ 【将此图像图层导入为（图像图层设置）】：选中【具有可编辑图层样式的位图图像】单选按钮，将图像层导入为带有可编辑图层样式的位图图像；选中【拼合的位图图像】单选按钮，将图像层导入为压平的位图图像。

⮑ 【将此文本图层导入为（文字图层设置）】：包含"可编辑文本"、"矢量轮廓"、"拼合的位图图像"等选项。

⮑ 【为此图层创建影片剪辑】：为当前层创建影片剪辑元件。

⮑ 【实例名称】：设置影片剪辑的实例名称。

⮑ 【注册】：设置影片剪辑实例的注册点位置。

⮑ 【压缩】：设置压缩方式为"有损"或"无损"。

⮑ 【计算位图大小】：单击按钮后可计算出当前位图的大小。

3．导入 PNG 文件

可以将 Fireworks 等 PNG 格式的文件作为平面化图像或可编辑对象导入到 Flash 中。将 PNG 文件作为平面化图像导入，整个文件会进行栅格化，或转换为位图图像；将 PNG 文件作为可编辑对象导入，该文件中的矢量图会保留为矢量格式，同时还可以选择保留 PNG 文件中存在的位图、文本和辅助线。

如果将 PNG 文件作为平面化图像导入，则可以从 Flash 中启动 Fireworks，并编辑原始的 PNG 文件。可以在 Flash 中编辑位图图像，方法是将位图图像转换为矢量图或将位图图像分离。

导入 Fireworks 文档中的 PNG 文件会弹出如图 7-5 所示的【导入 Fireworks 文档】对话框。

- ⊃ 【作为单个扁平化的位图导入】：选择该选项，将 PNG 文件扁平化为单独的位图图像。
- ⊃ 【导入】：指定要导入当前场景的 Fireworks 页。
- ⊃ 【至】→【当前帧为电影剪辑】：保留原有图层，将 PNG 文件导入为影片剪辑，并保持该影片剪辑元件内部的所有帧和图层都不变。
- ⊃ 【至】→【新层】：将 PNG 文件导入到当前 Flash 动画中位于堆叠顺序顶部的单个新图层中。
- ⊃ 【对象】：选中【导入为位图以保持外观】单选按钮，将 Fireworks 笔划、填充和效果保留在 Flash 中；选中【保持所有的路径为可编辑状态】单选按钮，将所有对象保留为可编辑路径。
- ⊃ 【文本】：选中【导入为位图以保持外观】单选按钮，将文本导入到 Flash 时保留 Fireworks 笔划、填充和效果；选中【保持所有的文本为可编辑状态】单选按钮，将所有文本保留为可编辑路径。

4．导入 FreeHand 文件

用户可以将 FreeHand 文件直接导入到 Flash 中。FreeHand 是导入 Flash 的矢量图形中的最佳选择。因为这样可以保留 FreeHand 层、文本块、库元件和页面，并且可以选择要导入的页面范围。如果导入的 FreeHand 文件为 CMYK 颜色模式，则 Flash 会将该文件转换为 RGB 模式。

导入 FreeHand 文件后，会弹出如图 7-6 所示的【FreeHand 导入】对话框。

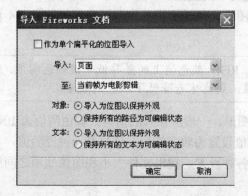

图 7-5 【导入 Fireworks 文档】对话框

图 7-6 【FreeHand 导入】对话框

- ⊃ 【页面】（【映射】选项区）：选中【场景】单选按钮会将 FreeHand 文件中的每个页面

都转换为 Flash 文件中的一个场景；选中【关键帧】单选按钮会将 FreeHand 文件中的每个页面转换为 Flash 文件中的一个关键帧。

- ⊃ 【图层】：选中【图层】单选按钮会将 FreeHand 文件中的每个层都转换为 Flash 中的一层，选中【关键帧】单选按钮会将 FreeHand 文件中的每个层转换为 Flash 文件中的一个关键帧。选中【平面化】单选按钮会将 FreeHand 文件中的所有层转换为 Flash 文件中的单个平面化的层。

- ⊃ 【页面】：选中【全部】单选按钮将导入 Flash 文件中的所有页面。在【自】和【至】文本框中输入页码，将导入页码范围内的 FreeHand 文件。

- ⊃ 【选项】：勾选【包括不可见图层】复选框将导入 FreeHand 文件中的所有层（包括可见层和隐藏层）；勾选【包括背景图层】复选框会随 FreeHand 文件一同导入背景层；勾选【维持文本块】复选框会将 FreeHand 文件中的文本保持为可编辑文本。

7.1.3 将位图转换为矢量图

在前面我们介绍过位图和矢量图的区别，位图导入后，图片往往比较大，而且无法修改

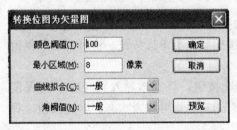

图 7-7 【转换位图为矢量图】对话框

编辑，因此，在 Flash CS4 中通常会将导入的位图转换成可编辑的矢量图形。转换后可以将图像当作矢量图形进行编辑，它的文件大小也会减小。

将位图转换为矢量图形的方法如下：

（1）选择导入到当前场景中的位图。

（2）执行【修改】→【位图】→【转换位图为矢量图】命令，弹出【转换位图为矢量图】对话框，如图 7-7 所示。

- ⊃ 【颜色阈值】：输入一个介于 1 到 500 之间的值。
- ⊃ 【最小区域】：输入一个介于 1 到 1000 之间的像素值，用于设置指定像素颜色时所要考虑的周围像素值。
- ⊃ 【曲线拟合】：用于确定绘制轮廓的平滑程度。
- ⊃ 【角阈值】：用于确定是保留锐边还是进行平滑处理。

设置好各选项后，单击【确定】按钮，位图图像就转换成了矢量图形，矢量图形不再链接到【库】面板中。

    ✿ 当两个像素进行比较后，如果它们在 RGB 颜色值上的差异低于该颜色阈值，则两个像素被认为是颜色相同。如果增大了该阈值，则意味着降低了颜色的数量。

根据经验，要创建最接近原始位图的矢量图形，一般应输入的值为：颜色阈值为 10，最小区域为 1 个像素，曲线拟合为像素，转角阈值设置为较多转角。这只是一种经验值，具体情况还需具体看待，用户可以在对话框中调节各种设置，找出文件大小和图像品质之间的最佳平衡效果。

7.1.4 如何去掉位图文件的背景

导入了外部素材后，根据制作的需要通常要将图片进行适当的调整。一般在导入了位图

文件，并将其转为矢量图后，可以十分方便地去掉位图文件的背景以制作特殊的效果。下面以一张"蚂蚱"的图片为例讲解如何去掉位图文件的背景。

（1）选中要修改的位图图像，执行【修改】→【位图】→【转换位图为矢量图】命令。转换后如图 7-8 所示。

（2）利用"选择工具"，选中背景，如图 7-9 所示。

（3）按删除键删除背景，如果要更改背景的颜色，以上图为例，选中背景后，在【颜色】面板中选择一种颜色，如"蓝色"，用"颜料桶工具"填充颜色，如图 7-10 所示。

图 7-8　转换为矢量图的位图图片

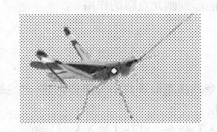

图 7-9　选择背景

图 7-10　更改背景

7.2　认识 Flash CS4 中的声音

多媒体动画的魅力之处就是在精彩的动画中能够有效地融合声响，也正是有了声音，才使得很多动画具有感染力和冲击力。所以一般的动画影片在完成基本制作后，可以考虑为它配上声音。Flash CS4 中的声音可以分为事件驱动声音和流式声音两种类型。声音的这两种类型并不是指它们格式上的区别，而是指它们载入 Flash 影片中的方式不同，同一个声音文件导入到动画中后既可以是流式声音，也可以是事件声音，它们的区分体现在播放的过程中。在作品中，用户可以根据自己的需要选择所需的格式来使用，同时也可以兼顾最快的网络传送速率来达到最好的效果。

Flash CS4 支持的声音文件的格式主要有 WAV 和 MP3 两种音频格式，AIFF 和 AU 格式的音频也可以使用，但不多见。

7.2.1　事件驱动声音

事件驱动声音一般是应用在按钮或是固定在某个行为、动作中的声音。例如，当鼠标移到画面中某个字符串或是图形上时，就会自动发出声音，以制造特定效果或提示用户超级链接的存在。它最大的特点就是声音文件必须完全传送后，才能在浏览器中播放，因为它需要对用户的动作进行实时的反应。

7.2.2　流式声音

流式声音一般在背景音乐或不需要与场景内容配合的情况下使用，音乐内容可以慢慢地从服务器传送，而动画的画面也不需要与声音同步。当浏览器在播放这种类型的声音时，只要先接收到足够的声音数据，就可以开始播放了，剩余的数据可以在稍后的播放过程中边下载边播放。

7.3　添加音乐

在 Flash CS4 中，为创作的动画添加音乐是很方便的，也是很自由的。用户可以设置声音独立于时间轴而连续播放，也可以让声音和动画同步。还可以将声音捆绑在某个按钮上，使得操作时具有多元化的回应。还可以令声音产生淡入或淡出效果，使得音乐变得更加优美动听。所以，在创作好的动画中，配上一段音乐往往能起到画龙点睛的作用。

7.3.1　导入声音

在 Flash CS4 中导入声音文件的具体步骤如下。

（1）执行【插入】→【时间轴】→【图层】命令，在当前影片中为声音创建一个独立的图层，如果需要播放多个声音，也可以创建多个图层。

（2）在动画的编辑状态，执行【文件】→【导入】命令，打开【导入】对话框。

（3）在【导入】对话框中，选择【文件类型】列表中的声音文件类型，如图 7-11 所示。

（4）在【导入】对话框中选中一个声音文件，单击【打开】按钮导入声音。导入的声音会自动添加到【库】面板中，如图 7-12 所示。

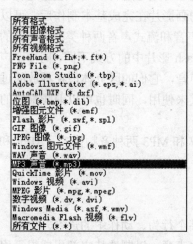

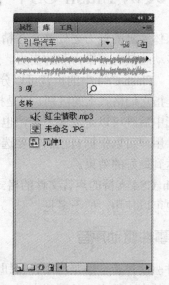

图 7-11　声音文件类型　　　　　　　　图 7-12　导入的声音文件

需要注意的是，这里只是将声音文件作为一个对象插入到【库】面板中，声音文件的名称已被定义成一个对象的名称。选中声音文件后，在【库】面板的预览窗口中可以看到声音的波形。单击预览窗口右上角的 ▶ 按钮，可以试听到所选文件的声音效果。

所有引入到 Flash CS4 中的声音文件都会成为元件库中的一个对象，在制作动画时可以像使用其他类型的元件一样重复使用它。

✎　在动画中添加声音文件时，要充分考虑文件应用的场合。如果是应用在图形、按钮等对象上，声音文件要尽量短小。而作为一个较长动画影片的背景音乐，则除了长短方面要考虑外，还需要根据场景内容进行选择。当然，根据场景来选择合适的音乐不是在这里几句话就能说清楚的，这需要用户自己的文化底蕴。

✎　选中库中的一个声音，在预览窗口中就会观察到声音的波形。如果导入的声音文件为双声道则有两条波形，如果导入的声音文件为单声道，则只会出现一条波形。

7.3.2　在动画中添加声音

要将【库】面板中的声音对象添加到影片中，通常需要先确定一个固定的图层，然后选择在这个图层的关键帧处添加。如果开始不是关键帧，那么被加载的声音会自动跳到前面最近的一个关键帧上。具体如何来添加呢？具体操作步骤如下。

（1）选定要插入声音文件的图层，打开已导入声音文件的【库】面板，在预览窗口或文件列表中按住所选的文件，拖放到舞台中便可以了。注意，不是将文件拖到时间轴上。加载声音后，关键帧将出现声音波形，如图 7-13 所示。

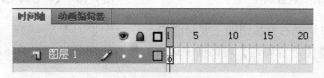

图 7-13　在关键帧中添加声音

（2）如图 7-13 所示，声音文件只出现在一个关键帧上，虽然也能获得声音效果，但看上去不是很明显，这时可以在关键帧后的第 30 帧单击鼠标，然后按 F5 键延长帧，如图 7-14 所示。

图 7-14　为声音添加播放帧

在载入声音的影片中，可以使用控制器测试添加到动画中的声音。在 Flash CS4 中，允许在同一个动画文件中置入多个声音文件，但为了方便用户进行编辑，一般都将每个声音放在一个独立的图层上。

7.3.3　设置声音属性

为动画添加声音后，可以通过设置声音的【属性】面板使声音出现更多的变化效果，如循环播放、声道的选择等。在这里可以设置声音的效果、同步和循环等选项来达到更多声音效果的变化。

在库中对某个声音文件进行属性的设置，有如下几种方法。

（1）在库文件列表中右击该文件，在弹出的快捷菜单中选择【属性】命令。

（2）在库文件列表中双击该声音文件名称前的图标。

（3）在库文件列表中选定该声音，在预览窗口中双击它。

（4）在库文件列表中选定该声音文件，单击【库】面板标题栏右端的 按钮，在弹出的菜单中选择【属性】命令，如图 7-15 所示。

进行以上任意操作后，都会弹出【声音属性】对话框，如图 7-16 所示。

图 7-15　设置属性　　　　　　　　　　图 7-16　【声音属性】对话框

【声音属性】对话框右侧按钮的主要功能如下。

- ⊃ 【更新】：将【声音属性】对话框中进行的修改应用到当前编辑环境下相应的声音文件中。
- ⊃ 【导入】：从外界导入新的声音文件将代替被编辑的声音文件，并且将当前环境下的所有引用该声音的实例同时替换掉。
- ⊃ 【测试】：以当前编辑的声音效果进行试听。
- ⊃ 【停止】：停止对声音的试听。

在【压缩】下拉列表中提供了 5 种压缩方式。

- ⊃ 【默认值】：是 Flash CS4 提供的一个通用的压缩方式，可以对整个文件中的声音用同一个压缩比进行压缩，而不用分别对文件中不同的声音进行单独的属性设置。
- ⊃ 【ADPCM】：常用于压缩诸如按钮音效、事件驱动声音等比较简短的声音。
- ⊃ 【MP3】：使用该方式压缩声音文件可使文件体积变成原来的十分之一，而且基本不损害音质。这是一种高效的压缩方式，常用于压缩较长且不用循环播放的声音，这种方式在网络传输中十分常用。
- ⊃ 【原始】：该压缩选项在导出声音时不进行压缩。
- ⊃ 【语音】：选择一个特别适合于语音的压缩方式导出声音可以使用该选项。

7.3.4　声音效果的编辑

声音被导入后，在属性面板中可以对其进行编辑。其【属性】面板如图 7-17 所示。

在【声音】选项区中主要有【名称】、【效果】、【同步】和【重复】四个选项。在名称栏中显示的是声音文件的名称。下面对其他三项做一详细介绍。

1. 声音效果

【效果】下拉菜单中有几种效果可供选择，如图 7-18 所示。

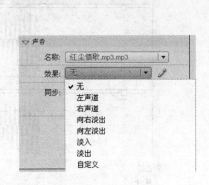

图 7-17　声音【属性】面板　　　　　　　图 7-18　声音【效果】列表

- ⊃ 【无】：没有任何声音播出。
- ⊃ 【左声道】：只有左声道播放声音。
- ⊃ 【右声道】：只有右声道播放声音。
- ⊃ 【从左到右淡出】：声音从左声道开始播放，慢慢转到右声道，最后消失在右声道。
- ⊃ 【从右到左淡出】：声音从右声道开始播放，慢慢转到左声道，最后消失在左声道。
- ⊃ 【淡入】：声音由细到粗，由小到大的变化。
- ⊃ 【淡出】：声音由粗到细，由大到小的变化。
- ⊃ 【自定义】：可以根据自己的需要编辑声音从始至终的效果。选择此项后，打开如图 7-19 所示的【编辑封套】对话框，若单击【效果】属性后的"编辑"按钮 ✐，同样也可打开【编辑封套】对话框。可以在该对话框自由编辑声音的效果。

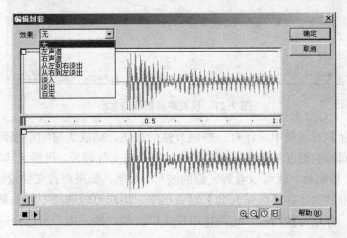

图 7-19　【编辑封套】对话框

从图 7-19 可以看出，上下两个窗格显示的是左、右两个声道的波形，除此之外还有一些调节用的如暂停、播放等按钮。在【编辑封套】对话框可以看到音频素材前面有一段空白，如果想把它去掉，可以通过调整开始点的位置来达到截取声音的效果，如图 7-20 所示。

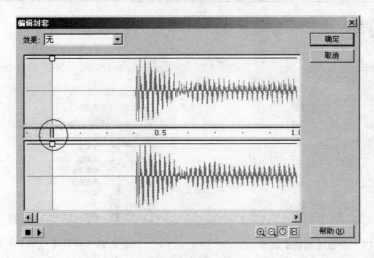

图 7-20 　裁剪音频素材

可以通过【编辑封套】对话框中的左右声道的音频波形，来设置声音播放时左右声道声音的大小等。如图 7-21 所示，就是左声道入，然后渐渐过渡到右声道播放，直至结束。

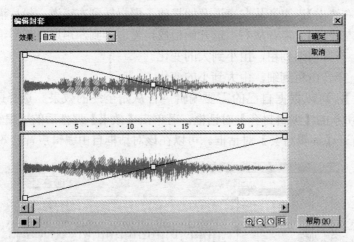

图 7-21 　设置声音播放的大小

在【编辑封套】对话框中，还有一些调节性的按钮，如放大与缩小编辑窗口显示比例按钮 和变更时间轴的刻度单位按钮 等。如果声音文件较长，可能无法看到全部的波形，此时单击"缩小"按钮 ，就可以看到完整的波形。反之，如果声音文件较短，可以单击"放大"按钮 将波形放大。在【编辑封套】对话框中，用户可以选择不同的刻度单位。时间轴有两种刻度单位，分别为秒与帧，这两种单位可以互相切换，用户可选择需要的刻度单位来编辑。

如果时间的播放长度比动画的长度还要长时，可以设置声音的起点与终点位置，这样就可以增加或缩短播放的时间。其操作方法为：用鼠标将起点向右方进行拖动或将终点向左方进行拖动，可缩短声音文件的播放时间；相反，用鼠标将起点向左进行拖动或将终点向右方进行拖动，就可以增加声音文件的播放时间。用鼠标双击刻度，则恢复声音的起点与终点的设置。

2．声音的同步

在当前编辑环境添加的声音最终要体现在生成的动画作品中，声音和动画采用什么样的形式协调播放也是设计者需要考虑的问题。这关系到整个作品的总体效果和播放质量。出于这一考虑，Flash CS4 为用户提供了同步模式选择功能。

在【属性】面板的【同步】下拉菜单中可以设置如下内容。

- ⊃ 【事件】：该选项会把声音和一个事件的发生过程同步起来。事件的声音在事件的起始关键帧开始显示时播放，独立于时间轴播放完整个声音，即使影片已经停止，只要事件没有结束，声音仍会继续播放。在播放发布的影片时，事件和声音是混合在一起的。
- ⊃ 【开始】：此选项和【事件】选项功能基本一致，只是在播放一个声音时，即使多次单击也不播放新的声音。
- ⊃ 【停止】：将指定的声音停止播放。
- ⊃ 【数据流】：用于在互联网上同步播放声音。选中该项后，Flash CS4 会协调动画与声音流，使声音与动画同步。当声音播放时间较短而动画显示的速度不够快，动画会自动跳过一些帧；如果声音过长而动画太短声音流将随着动画的结束而停止播放。声音流的播放长度绝不会超过它所占帧的长度。发布影片时，声音流会混合在一起播放。

3．声音的循环

一般情况下声音文件的字节数较多，如果在一个较长的动画中引用很多声音，就会造成文件过大的问题。为了避免这种情况发生，可以使用声音重复播放的方法，在动画中重复播放一个声音文件。

在声音【属性】面板的【声音循环】下拉菜单中选择【重复】命令，可以指定声音循环播放的次数。如果要连续播放声音，可以选择【循环】命令，以便在一段时间内一直播放声音。

7.4　课堂实例演示——音乐按钮的制作

前面介绍了如何在动画中添加音乐以及声音的属性、效果编辑等，下面通过实例"音乐按钮的制作"来具体介绍如下。

1．按钮图形的制作

（1）新建一个文档，文档属性设置如图 7-22 所示。

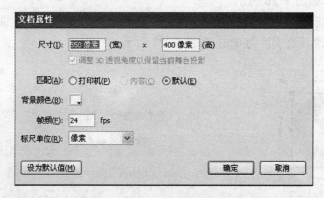

图 7-22　设置文档属性

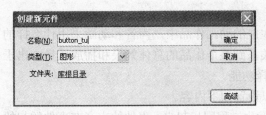

图 7-23 【创建新元件】对话框

（2）执行【插入】→【新建元件】命令，打开【创建新元件】对话框在【名称】文本框中输入元件的名称为"button_tu"，并设置元件【类型】为"图形"，如图 7-23 所示。

（3）单击【确定】按钮后，Flash 会将该元件添加到库中，并切换到元件编辑模式。

（4）执行【窗口】→【颜色】命令，在弹出的【颜色】面板中选择填充色为放射性渐变色，如图 7-24 所示。

（5）在工具箱中选择"椭圆形工具"，按住 Shift 键在舞台中央画一个没有边框线的正圆。为方便修改，应使正圆的中心与十字定位中心重合，如图 7-25 所示。

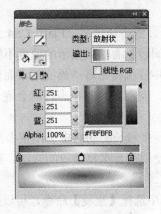

图 7-24　设置填充色　　　　　　　　　图 7-25　没有边框线的正圆

2．影片剪辑的制作

（1）执行【插入】→【新建元件】命令，打开【创建新元件】对话框，在【名称】文本框中输入元件的名称为"mc"，并设置元件【类型】为"影片剪辑"。单击【确定】后，进入"影片剪辑"的编辑模式。

（2）在"影片剪辑"编辑模式下，在第 1 帧处，将【库】面板中的图形元件"button_tu"拖到舞台的中央，调整符号的中心与十字定位中心重合，在第 10 帧处插入一个关键帧，在该帧下放大该元件，如图 7-26 所示。

（3）在第 20 帧处插入关键帧，在图形元件"button_tu"的【属性】面板中设置【颜色样式】为 Alpha，修改其透明度为 0%，如图 7-27 所示。

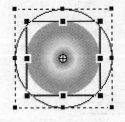
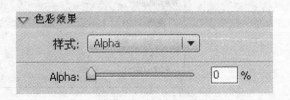

图 7-26　在第 10 帧下放大圆　　　　　　图 7-27　设置 Alpha 的值

（4）在第 1 帧至第 10 帧的任意帧上右击，选择快捷菜单中的【创建传统补间】命令。同理，在第 10 帧和第 20 帧也创建传统补间动画，使图形产生由小到大，从有到无的过渡效果。此时的【时间轴】面板如图 7-28 所示。

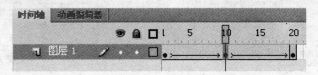

图 7-28　"影片剪辑"模式下的【时间轴】面板

3．按钮实例的制作

（1）执行【插入】→【新建元件】命令，打开【创建新元件】对话框，在【名称】文本框中输入元件的名称为"button"，并设置元件【类型】为"按钮"。单击【确定】按钮后，进入"按钮"的编辑模式。

（2）在按钮编辑模式下，双击图层 1，将其改名为"button"。选择按钮的"弹起"帧，在【库】面板中将图形元件"button_tu"拖到舞台上，并使按钮图形的中心与十字定位中心重合。

（3）单击时间轴下方的"新建图层"按钮，新建一个图层，命名为 mc，拖动这一层到 button 层之下。这一层用于放置刚刚完成的 mc 动画。

（4）在 mc 层的"指针经过"帧处插入一个关键帧。在【库】面板中将影片剪辑 mc 拖到舞台上，调整中心与十字定位中心重合（同时与按钮图形的中心重合），如图 7-29 所示。完成后再在 mc 层的"按下"帧上插入一个关键帧，使按钮按下后还能播放动画。

4．背景的设置和声音的导入

（1）在按钮编辑模式下，执行【文件】→【导入】→【导入到库】命令，弹出【导入到库】对话框，如图 7-30 所示。从外部导入一个声音文件到库中。

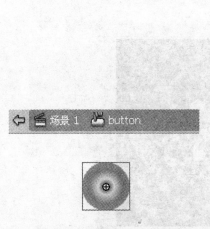

图 7-29　调整符号中心位置　　　　　　图 7-30　【导入到库】对话框

（2）单击"新建图层"按钮，新建一个图层，命名为"sound"，用于放置声音。

（3）在 sound 层的"指帧经过"帧插入关键帧，然后分别在 sound 层的"弹起"帧和"指帧经过"帧上设置其声音属性，令鼠标移到按钮上时播放声音，移出时声音停止，如图 7-31

和图 7-32 所示。此时的【时间轴】面板如图 7-33 所示。

图 7-31 【弹起】帧的声音设置 图 7-32 【指帧经过】帧的声音设置

（4）单击场景 1，返回到场景。新建图层 2，将其拖到图层 1 之下。在图层 2 的第 1 帧，执行【文件】→【导入】→【导入到舞台】命令，导入一张背景片。以 "背景音乐图片.jpg" 图片为例，将其导入到舞台，并调整到正好覆盖整个场景，如图 7-34 所示。

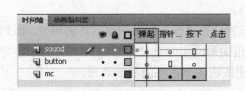

图 7-33 "按钮元件" 时间轴 图 7-34 设置动画的背景

（5）选择图层 1 的第 1 帧，在【库】面板中将按钮元件 button 拖放 5 次到场景中，并各自调整它们的大小和位置，如图 7-35 所示。

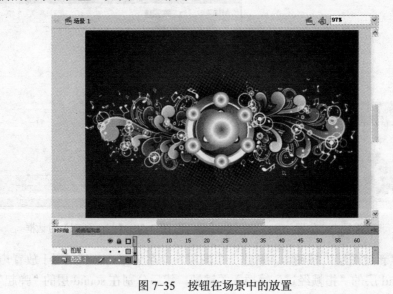

图 7-35 按钮在场景中的放置

（6）到此这个作品就全部完成了，按快捷键 **Ctrl+Enter**，用鼠标测试动态按钮的效果，如图 7-36 所示。保存文档为"音乐按钮的制作.fla"。

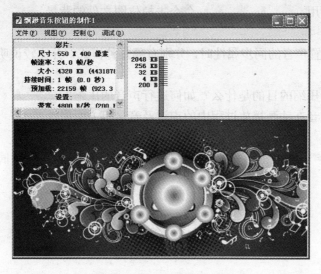

图 7-36　测试动态按钮效果

小结

随着学习的深入，越来越多的用户已经不满足于基本的图形动画制作，开始对动画创作精益求精。如想在动画中引进漂亮的位图或美妙的声音等元素。Flash CS4 提供了导入位图及转化位图为矢量图的工具命令，并且支持在动画中加载声音。Flash CS4 将其支持的声音文件分为事件驱动声音和流式声音，并能够对其进行编辑和控制，如压缩、替换等。Flash CS4 除了在影片中加载声音（含影片剪辑）外，还可以在按钮中添加声音效果。有了这些功能，Flash CS4 制作出来的动画将不再是一个"哑巴"式的动画，而是一个有声有色的影片。有的甚至支持交互式的操作来获得不同的声效。这在目前的网络世界中已经成了普遍现象，也是Flash 动画的一个发展趋势。

习题

一、填空题

1．在 Flash CS4 中可以通过执行_____命令导入位图；执行_____命令可以将位图转换为矢量图形。

2．Flash CS4 中主要支持_____和_____两种音频格式的声音文件。

3．一般在动画创作中，如果不需要背景音乐与场景内容配合一起出现，即动画的画面与声音不同步，可以选择_____类型的声音文件。

4．一般_____类型的声音可以应用在按钮或某个行为、动作中。

5．当被导入的声音源文件被修改，此时，可以执行_____，Flash CS4 就会将新的声音替换到动画中去。

6．在编辑声音的效果时，系统提供了_____种声音"效果"，分别有_____等。

7．通常可以利用_____命令去掉位图文件的背景。

二、简答题

1．简要说明设置声音的同步属性时，分别有哪几种模式？并比较说明各个模式的特点使用情况。

2．对声音进行压缩的目的是什么？如何进行声音的压缩？

3．如何控制声音在动画播放过程中的声道及音量等方面属性？

三、制作题

设计一个带有声音的按钮，要求当在鼠标移到按钮上方和单击按钮时，分别配上不同的声音。

第8章 动画后期制作与发布

本章要点：

- ☑ 使用调试器测试动画
- ☑ 导出影片与导出图像
- ☑ 动画的发布
- ☑ 发布预览

8.1 调试动画

通常调试动画的方法是直接使用编辑环境下的【控制器】面板。执行【窗口】→【工具栏】→【控制器】命令，会在编辑窗口上出现一个【控制器】面板，如图8-1所示。

使用【控制器】面板中的按钮可以实现动画的暂停、逐帧倒退、播放和逐帧前进等操作。一般变形动画、逐帧动画都可以通过这种方法进行测试。但若动画中带有简单的动作语句或按钮，就要执行【控制】→【启用简单帧动作】命令如图8-2所示和【控制】→【启用简单按钮】命令，以使动画中简单的动作语句和按钮起作用。

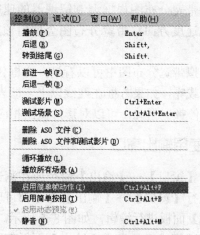

图8-1 【控制器】面板   图8-2 【启用简单帧动作】命令

前两者都可以用于动画的调试，但如果动画作品中含有影片剪辑元件的实例引用、包含多个场景或具有动作交互时，就需要执行【控制】→【测试影片】命令来对动画进行测试。

8.1.1 测试影片

由于 Flash 影片可以边下载边播放，但是如果出现影片播放到某一帧，而所需的数据还未完全下载时，影片仍会停下来直到数据下载完毕，因此通常应事先测试影片各帧的下载速度，找出下载过程中可能造成停顿的地方。下面就利用 Flash CS4 提供的模拟测试浏览的功能来测试影片。

以"文字动画的制作.fla"文件为例，如图 8-3 所示。然后按快捷键 Ctrl+Enter 或者执行【控制】→【测试影片】命令，进入影片测试模式，如图 8-4 所示。

图 8-3　打开动画文件

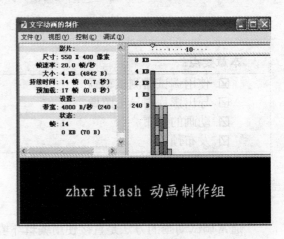

图 8-4　测试影片

　如果测试文件窗口中没有出现显示测试数据及每帧大小的柱状图，则可以选择该窗口中的【视图】→【带宽设置】命令。另外，从【视图】→【下载设置】菜单中选择模拟调制解调器的速率为 DSL，这样便可以看到与网上浏览相似的效果。

模拟带宽分布图根据调制解调器的速度，图形化显示影片每一帧需要发送的数据。在模拟下载速度方面，带宽分布图会使用预期的典型风格性能，而不是使用调制解调器的实际速度。

在模拟带宽分布图中可以看到，方框代表帧的数据量，数据量大的帧自然需要较多的时间才能下载完，如果方框在红线以上，即表示动画下载的速度慢于播放的速度，动画将会在这些地方停顿。据此，可以对影片做出相应的调整。

8.1.2　使用输出窗口

执行【窗口】→【输出】命令或在测试模式下，执行【窗口】→【输出】命令都可以打开【输出】面板进行编辑，如图 8-5 所示。

在测试模式下，显示【输出】面板有助于帮助用户排除影片中的故障信息，如语法错误就可以自动显示出来。如果在脚本中使用了"trace"动作，影片运行时，就会向【输出】面板发送特定的信息。这些信息包括影片状态说明和表达式的值等。

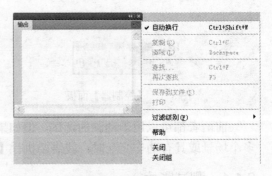

图 8-5　【输出】面板

当选择右上角的选项弹出菜单时就可以处理【输出】面板的内容。

➲ 执行【选项】→【自动换行】命令可以使【输出】面板中的内容自动换行。

➲ 执行【选项】→【复制】命令可以把【输出】面板中的内容复制到剪贴板中。

➲ 执行【选项】→【清除】命令可以把【输出】面板中的内容清除。

➲ 执行【选项】→【查找】命令可以在文本中搜索字符串。

➲ 执行【选项】→【再次查找】命令可以在文本中再次搜索同一个字符串。

➲ 执行【选项】→【保存到文件】命令可以把该窗口中的内容保存到文本文件中。

➲ 执行【选项】→【打印】命令可以打印该窗口中的内容。

➲ 执行【选项】→【过滤级别】命令可以选择以错误、警告或详细的模式来提示用户。

8.2　输出与发布

利用 Flash CS4 制作完一个动画后，要转换成作品可以有两种方法：一是将其输出；二是将其发布，使之成为指定的格式文件，这样才能将其应用在网页或其他多媒体文件中。在这里先为用户讲解输出的用法。要将当前正在编辑的影片输出成指定的文件格式，可以使用导出命令来输出影片，在 Flash CS4 中有"导出影片"和"导出图像"两种输出文件的方式。

8.2.1　导出影片

导出影片方式输出的是一个完整的动画或者是包含不同内容的一系列图片。具体方法如下。

（1）执行【文件】→【导出影片】命令，打开【导出影片】对话框，如图 8-6 所示。

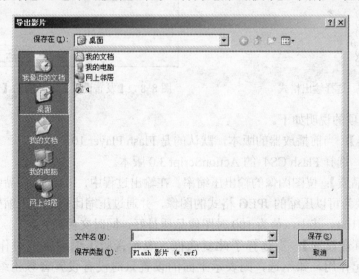

图 8-6　【导出影片】对话框

（2）在【导出影片】对话框中，用户可以在【保存类型】选项中选择各种输出格式，如图 8-7 所示。在 Flash CS4 中默认的是"Flash 影片（*.swf）"。

（3）设置参数后，单击【保存】按钮，就会出现一个输出进度条，作品就被输出成一个独立的 Flash 动画文件了。

（4）以.swf 为后缀的文件，能保存源程序中的动画、声音等全部内容，但是需要在浏览器中安装 Flash 播放器插件才能看到。

（5）以"文字动画的制作.fla"文件为例，选择【文件】→【发布设置】命令后，在其对话框中切换至【Flash】选项卡，如图 8-8 所示。

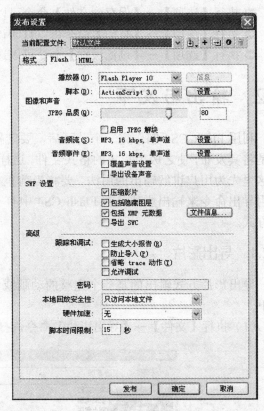

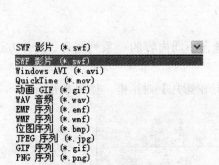

图 8-7 选择输出格式   图 8-8 【发布设置】对话框的【Flash】选项卡

具体每个选项的说明如下。

○ 【播放器】：当前播放器的版本，默认的是 Flash Player 10。

○ 【脚本】：选择 Flash CS4 的 ActionScript 3.0 版本。

○ 【JPEG 品质】：位图图像的输出压缩率。在输出过程中，Flash 将作品中的所有位图图像都转换为可以压缩的 JPEG 格式的图像，并通过压缩比例进行压缩处理。压缩率范围为 0～100。其中，值为 100 时图像品质最好，同时文件最大。

○ 【覆盖声音设置】：当选择了此复选框，表示音频压缩设置能对作品中所有的音频素材起作用，如不选，则表示上面的设置只对没有设置音频压缩的音频素材起作用。

○ 【导出设备声音】：是专门为移动设备播放的动画而开发的，是 Flash CS4 所特有的属性。

○ 【压缩影片】：增加对压缩的支持，通过反复应用脚本语言，明显减小了文件和影片动画的尺寸。

- 【包括隐藏图层】：导出动画中的隐藏层。
- 【包括 XMP 元数据】：导出时包括 XMP 元数据。
- 【生成大小报告】：表示在输出 Flash 作品的同时，将产生一个记录作品中动画对象容量大小的文本文件，该文件与输出的作品文件同名。
- 【防止导入】：可以防止别人使用【文件】→【导入】命令来调用。
- 【省略 trace 动作】：可以取消跟踪指令。
- 【允许调试】：播放时右击，弹出的快捷菜单中会增加播放、循环等控制选项。
- 【导出 SWC】：导出 SWC 文件。
- 【密码】：选中【防止导入】选项时，【密码】选项才可以使用。在这里可以为 Flash CS4 作品设定密码保护，使它不能在 Flash 中再次被打开。
- 【音频流】和【音频事件】：对作品中音频素材的压缩格式和参数进行设置。单击【设置】按钮，打开如图 8-9 所示的【声音设置】对话框可以进行更详细的设置。
- 【文件信息】：进行 XMP 元件的详细设置。
- 【本地回放安全性】：选择要使用的 Flash 安全模型。
- 【硬件加速】：设置是否使用硬件加速及其方式。
- 【脚本时间限制】：设置脚本的运行时间限制。

Windows AVI 播放文件（*.avi）是 Windows 的标准视频文件，该文件可以在 Windows Media Player 中播放。当执行【文件】→【导出影片】命令后，在【保存类型】中选择 Windows AVI 播放文件（*.avi），单击【保存】按钮可以弹出【导出 Windows AVI】对话框，如图 8-10 所示。

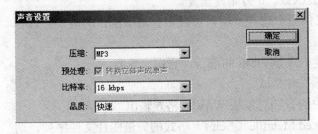

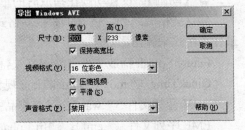

图 8-9　【声音设置】对话框　　　　　　　图 8-10　【导出 Windows AVI】对话框

- 【尺寸】：对输出的视频播放作品的尺寸进行设置，以像素为单位。勾选【保持高度比】复选框，当修改作品的播放尺寸时，能自动保持宽度和高度比例不变。
- 【视频格式】：设置输出的视频播放作品的色彩位数，有 8 位、16 位、24 位和 32 位 4 种选项。
- 【压缩视频】：用于选择是否对输出作品进行压缩。
- 【平滑】：用于对输出的视频播放作品进行抗锯齿处理。
- 【声音格式】：设置输出的视频播放作品中是否包含音频以及音频质量。

GIF 动画（*.gif）用于输出 GIF 动画作品。在 Flash 中，可以选择输出的文件类型很多，GIF 图像就是其中最常见的一种，它为用户提供了一种简单的方法来输出简单的动画序列。它包含 GIF 格式的动画与 GIF 图片，虽然两者的文件扩展名相同，但选择 GIF 格式的动画输出的不是多个图片，而是一个动画文件。在网页设计中所使用的动画格式多是 GIF 格式，当选择此格式导出影片时，会弹出【导出 GIF】对话框，如图 8-11 所示。

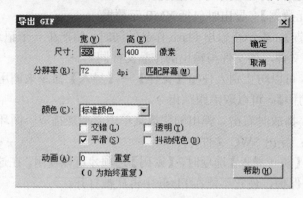

图 8-11   【导出 GIF】对话框

➲ 【尺寸】：对输出 GIF 图片的尺寸进行设置，以像素为单位。

【分辨率】：对输出 GIF 图片的分辨率进行设置，单击【匹配屏幕】按钮，会以原作品的尺寸输出。

➲ 【颜色】：设置输出作品的色彩数量。

➲ 【交错】：设置在下载过程中，是否以交错方式显示。

➲ 【透明】：设置输出时，背景是否为透明状态。

➲ 【平滑】：设置输出时，是否对作品进行抗锯齿处理。

➲ 【抖动纯色】：对图片中的色块进行抖动处理，以防止出现不均匀的色带。

➲ 【动画】：设置动画在播放时的重复次数。0 为始终重复。

除这些格式之外，还有下面很多格式供用户选择，用户可以根据动画制作的需要，选择最佳的格式来输出影片。

Future Splash 播放文件（*.spl）：这种格式是 Flash 的前身，它向上兼容。

QiuckTime（*.mov）：QiuckTime 视频文件格式。

WAV 音频文件（*.wav）：可将作品中的音频对象按 WAV 的格式输出。

EMF 序列文件（*.emf）：输出 Enhanced Metafile（*.emf）格式的矢量图片文件序列，动画中的每一帧都是一个 EMF 格式的文件。

WMF 序列文件（*.wmf）：输出 Windows Metafile（*.wmf）格式的矢量图片文件序列，动画中的每一帧都是一个 WMF 格式的文件。

EPS 3.0 序列文件（*.eps）：输出 EPS 3.0 格式的矢量图片文件序列，动画中的每一帧都是一个 EPS 格式的文件。

Adobe Illustrator 序列文件（*.ai）：输出 Illustrator 格式的矢量图片文件序列，动画中的每一帧都是一个 AI 格式的文件。

DXF 序列文件（*.dxf）：输出 AutoCAD 格式的矢量图片文件序列，动画中的每一帧都是一个 DXF 格式的文件。

位图序列文件（*.bmp）：输出位图文件序列，动画中的每一帧都被转为一个单独的 BMP 文件。

JPG 序列文件（*.jpg）：输出 JPEG 文件序列，动画中的每一帧都被转为一个单独的 JPG

文件。

GIF 序列文件（*.gif）：输出 GIF 文件序列，动画中的每一帧都被转为一个单独的 GIF 文件。

PNG 序列文件（*.png）：输出 PNG 文件序列，动画中的每一帧都被转为一个单独的 PNG 文件。

选择好输出文件的格式和保存的目录后，在相应的目录中会生成所选的文件。

8.2.2　导出图像

导出图像方式输出一个静态图片。具体操作方法如下。

执行【文件】→【导出图像】命令，弹出【导出图像】对话框，如图 8-12 所示。导出图像可以生成一个包含当前帧内容的文件。

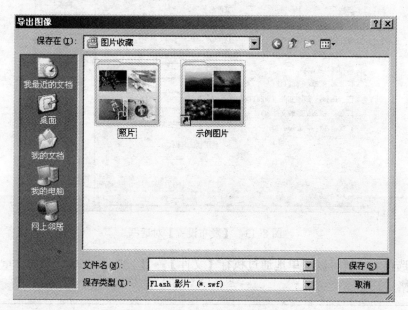

图 8-12　【导出图像】对话框

导出图像文件格式与导出影片文件格式基本一致，不同的是导出图像输出的不是序列图片，只是一个图像文件。

8.3　发布动画

导出图像和导出影片都可以对作品进行输出设置。但要将 Flash 动画放在网页上供浏览者观看，除了要输出外，还要在插入动画的网页中编制一段 HTML 引导程序。这段程序可以调用 Flash 播放插件。以防浏览者不愿意观看 Flash 动画，在输出的同时，还要同时输出多种与该作品有关的格式文件（如 GIF、JPEG 等文件序列），可以对要导出的文件格式进行发布设置。单击【属性】面板上的发布按钮，或执行【文件】→【发布设置】命令，就可以对要导出的文件进行设置。

8.3.1　发布设置

动画制作完成后，可以对要导出的文件格式进行发布设置。由于 Flash 影片可以导出多种格式，为了避免每次输出时都进行设置，可以在【发布设置】对话框中选择需要的全部发布格式并进行设置，然后就可以简单地通过【文件】→【发布】命令，一次性输出所有选定的文件格式，这些文件将会存放在影片文件所在的目录中。

发布影片之前，执行【文件】→【发布设置】命令，可以打开【发布设置】对话框，选择发布影片的格式和指定设置，如图 8-13 所示。

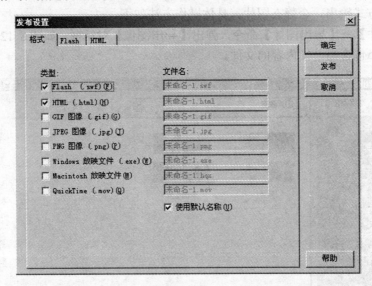

图 8-13　【发布设置】对话框

输入各选项后，就可以简单地通过执行【文件】→【发布】命令，一次性重复输出所有选定的文件格式。

> ✿　由于 Flash CS4 会将所指定给影片文件的发布设置和影片文件一起存放，因此每个影片文件都可以有不同的设置。

在【格式】选项卡下方可以选择要输出的文件格式。选择某种格式后，在对应选中格式的对话框中会出现相应的参数设置。用户可以根据制作动画的需要选择其中的一种或几种。对于每一种格式，Flash 都提供了一些控制参数，这些参数有一些与前面作品输出操作中相应格式文件的输出参数相同，但也有一些不同，需要用户具体去操作。在选中了某种格式文件，并配置好属性后，可以执行【文件】→【发布预览】命令来预览选定的文件。

取消对【使用默认名称】复选框的选择，可以修改发布文件的目录和名称。

8.3.2　发布 GIF 文件设置

在【发布设置】对话框中，选择【GIF 图像(.gif)】复选框后会自动显示【GIF】选项卡。在【GIF】选项卡中，可以设置 GIF 格式文件的各属性，如图 8-14 所示。

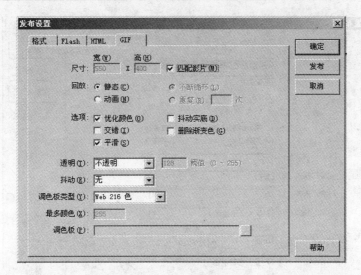

图 8-14　【GIF】选项卡

- ⊃ 【尺寸】：对输出 GIF 图片的尺寸进行设置。选择【匹配影片】复选框，会以原作品的尺寸发布。
- ⊃ 【回放】：选择【静态】单选按钮后，文件发布成序列图片格式；选择【动画】单选按钮后，文件发布成 GIF 动画格式；选中【动画】单选按钮后，【不断循环】和【重复】单选按钮才可选。
- ⊃ 【选项】：指定导出的 GIF 的外观设置范围。【优化颜色】复选框可以对图片的颜色进行优化设置；【抖动实底】复选框可以对图片中的色块进行抖动处理，以防止出现不均匀的色带；【交错】复选框可以设置在下载过程中，是否以交错方式显示；【删除渐变色】复选框在默认情况下是关闭的，该选项使用渐变色中的第一种颜色将影片中的所有渐变填充转换为纯色，当使用该选项时，一定要小心选择渐变色的第一种颜色，以免出现意想不到的结果；【平滑】复选框设置在输出显示时，是否对作品进行抗锯齿处理。
- ⊃ 【透明】：设置发布时，确定背景是否为透明状态，以及将 Alpha 设置转换为 GIF 的方式。
- ⊃ 【抖动】：对图片中的色块进行抖动处理，以防止出现不均匀的色带。
- ⊃ 【调色板类型】：选择一种调色板类型，定义图像的调色板。
- ⊃ 【最多颜色】：如果在【调色板类型】中选择了【最适】或【接近网页最适色】调色板，可通过该选项来设置 GIF 图像中使用的颜色数量。选择颜色数量越多，图像的颜色品质就越高，生成的文件就会较大。
- ⊃ 【调色板】：在【调色板类型】中选择了【自定】，就可以自定义调色板。

8.3.3　发布 HTML 文件设置

产生一个 HTML 文件，就可以在网页中引导和播放 Flash 文件，此格式文件的控制参数设置如图 8-15 所示。

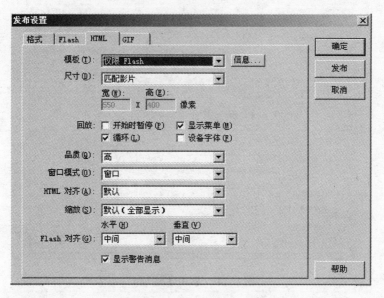

图 8-15　HTML 参数设置

在这里为用户提供了很多参数来进行选择。

- 【模板】：用于选择产生 HTML 程序段的模板。系统提供了八个预设模板用于在发布 HTML 程序段时使用，可以根据发布作品的格式进行选择。
- 【尺寸】：设置作品在浏览器窗口中的长宽尺寸，所设置的尺寸值将出现在 HTML 引导程序段的"EMBED"标记语句和"OBJECT"标记语句中的"宽"和"高"的属性值内。
- 【回放】：用于控制动画的播放属性。
- 【品质】：设置动画作品在播放时的图像质量，其中包括"高"、"中"、"低"等选项。
- 【窗口模式】：设置动画作品在浏览器中的透明模式，此设置项只对 Windows 系统中安装了 Flash ActiveX 插件的 Internet Explorer 4.0（或 4.0 以上版本）起作用。
- 【HTML 对齐】：设置动画作品在浏览器中的对齐方式或图片在浏览器指定矩形区域中的放置位置。
- 【缩放】：设置当播放区域与动画作品的播放尺寸不相同时画面的调整方式。
- 【Flash 对齐】：设置动画作品在播放区域中的对齐方式。

8.3.4　发布 JPEG 文件设置

JPEG 格式可将图像发布为高压缩比的 24 位位图。相对于 GIF 图片格式而言，JPEG 格式更适合显示包含连续色调（如照片、渐变色或嵌入位图）的图像。在【发布设置】对话框中，选择【格式】选项卡中的【JPEG 图像(.jpg)】复选框就可以对其进行设置。

在【发布设置】对话框中，选择【JPEG】选项卡可以设置各选项，如图 8-16 所示。

- 【尺寸】：对输出 JPEG 图片的尺寸进行设置。选择【匹配影片】复选框，会以原作品的尺寸输出，若选择此选项，尺寸的宽度与高度将无法进行设置。
- 【品质】：可以通过调节滑快来调节图片质量。"0"表示图片质量最低，"100"表示图片质量最佳。

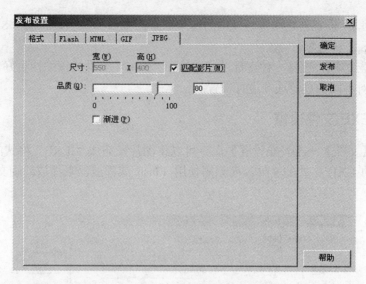

图 8-16　【JPEG】选项卡

○ 【渐进】：选择该复选框可在 Web 浏览器中逐步显示连续的 JPEG 图像，从而以较快的速度在低速网络连接上显示下载的图像。此选项类似于 GIF 和 PNG 图像中的"交错"选项。

8.3.5　发布 PNG 文件设置

"PNG"是 Macromedia 公司的 Fireworks 软件文件格式。使用 PNG 发布影片，具有支持压缩和 24 位色彩功能。除此之外，PNG 格式还支持 Alpha 通道的透明度。在【发布设置】对话框中，选择【格式】选项卡中的【PNG 图像(.png)】复选框就会出现相应的选项。

在【发布设置】对话框中，选择【PNG】选项卡就可以设置各选项，如图 8-17 所示。

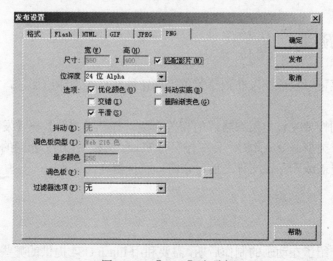

图 8-17　【PNG】选项卡

【PNG】选项卡中各选项的设置与发布"GIF"文件设置基本一致，用户可以参考。还有几点不一样，分别说明如下。

- ⊃ 【位深度】：设置创建图像时使用的每个像素的位数和颜色数。包含 8 位、24 位和 24 位 Alpha 三种选项。
- ⊃ 【过滤器选项】：选择一种逐行过滤方法使 "PNG" 文件的压缩性更好，并用一幅特定的图像对不同的过滤选项进行设置。

8.3.6　发布 EXE 文件设置

通过执行【文件】→【发布设置】命令可以将图片发布成 ".EXE" 格式的文件，制作成可以独立运行的 EXE 格式的文件，而无需使用 Flash 或播放器来播放动画文件，如图 8-18 所示。

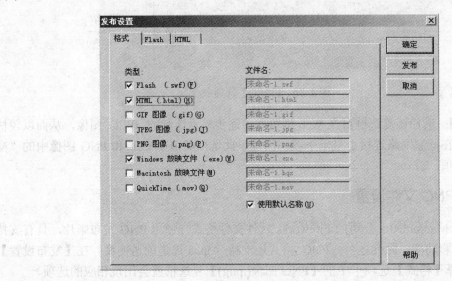

图 8-18　【发布设置】对话框

8.4　发布预览

使用发布预览可以按照在发布预览菜单中选定的文件类型输出影片，并在默认的浏览器中打开。

在预览之前同样要先设定发布格式的相关选项。打开【文件】→【发布预览】菜单，执行子菜单中的发布类型命令。此时，会在与保存 Flash 文档（*.fla）相同的位置创建一个指定类型的文件。在覆盖或删除该文件之前，它将一直保留在此位置。

小结

本章详细地介绍了在动画的制作后期，需要利用 Flash CS4 提供的哪些工具来对动画进行调试、检测。在保证没有任何错误的前提下，用户可以通过 Flash CS4 提供的工具将动画输出。输出时可以导出影片格式也可以导出多种类型的图片格式。各种格式的文件有很多相关的选项，如动画播放时的循环、声音导出时的压缩等。在正式发布 Flash 动画之前，也要按照用户自己的要求，设置要发布的类型以及相关的很多选项。当然，还可以利用 Flash CS4 的【发布预览】提前浏览最终的动画发布效果。

习题

一、填空题

1．执行＿＿＿＿＿＿＿＿＿命令，可以在编辑窗口调出【控制器】面板。

2．如果动画作品中含有影片剪辑元件的实例引用、包含多个场景或具有动作交互时，需要执行＿＿＿＿＿＿＿＿＿命令来对动画进行测试。

3．在测试模式下，显示＿＿＿＿＿＿＿＿＿窗口有助于帮助用户排除影片中的故障信息。

4．在 Flash CS4 中有＿＿＿＿＿＿＿＿＿和＿＿＿＿＿＿＿＿＿两种输出文件的方式。

5．发布影片之前，可以执行＿＿＿＿＿＿＿＿命令来选择发布的格式，并进行文件属性的设置。

6．使用＿＿＿＿＿＿＿＿＿可以按照在发布预览菜单中选定的文件类型输出影片，并在默认的浏览器中打开。

7．选择＿＿＿＿＿＿＿＿格式的输出，可以将 Flash CS4 文档输出成".exe"文件。

二、简答题

1．归纳说明调试动画都有哪些方法？

2．简要介绍发布 SWF 格式文件时，都有哪些参数设置？

3．简述将动画输出成 GIF 格式文件的好处。

三、制作题

制作一个动画，并利用"导出影片"和"导出图像"方式，完成对 Flash 作品的发布与输出。

第二篇　ActionScript 编程

第 9 章　ActionScript 编程简介

本章要点：

☑ ActionScript 的基本概念及其作用
☑ Flash CS4 中的 ActionScript 编程环境
☑ Flash CS4 动画中事件与动作的概念
☑ Flash CS4 动画中事件与动作的设置
☑ ActionScript 脚本程序的编写

9.1　什么是 ActionScript 编程

通过前面的学习，用户应该感觉到了 Flash CS4 动画制作功能的强大，但这不是 Flash CS4 功能的全部，Flash CS4 提供了强大的 ActionScript 脚本编程功能，可以使用它创建复杂的交互动画、网络游戏、多媒体制作等。交互式动画可以使用户参与到动画的控制中，通过键盘、鼠标等外部设备来操作，使动画画面产生跳转变化或执行其他一些动作。

学习 Flash CS4 的用户可能并没有编程方面的基础，没有关系，本书从最基本的脚本开始学习。学习 Flash CS4 并不需要完全了解每个 ActionScript 控件的功能。同其他脚本语言一样，ActionScript 有自己的语法、保留关键字和操作符等，还允许用户存储调用变量信息。ActionScript 有自己的对象和函数也允许用户自建对象与函数。另外，Flash CS4 兼容低版本 Flash 中的 ActionScript。

学过 JavaScript 等脚本语言的用户可能会发现，ActionScript 语法风格与 JavaScript 非常相似。ActionScript 与 JavaScript 都具有函数、变量、语句、操作符、条件和循环等基本的编程概念。但 ActionScript 与 JavaScript 之间还是有很多差异的，随着用户学习的深入，将会得出自己的结论。

9.1.1　ActionScript 编程的作用

ActionScript 是 Flash CS4 的脚本语言，脚本描述语言和程序之间有着密切的联系，它可以告诉 Flash 该做什么，并且可以知道影片的运行状态。通过关键帧内的脚本程序、影片剪辑实例中的脚本程序或者按钮内的脚本程序可以控制这些对象的移动、变色、变形等。更多的是通过一个按钮所产生的事件来控制某个对象，如鼠标指针经过按钮及鼠标的单击等。

9.1.2　ActionScript 编程的基本概念

1. 事件与动作

在交互式动画中，每个行为包含了两个内容，一个是事件，另一个是事件产生时所执行的动作。

事件是触发动作的信号，动作是事件的结果。而在影片中，触发动作的事件有很多，如播放指针到达某个指定的关键帧、用户单击按钮、影片剪辑实例或通过计算机外设做出设定好的动作（如鼠标的单击）等。

动作是 ActionScript 脚本语言的灵魂和编程的核心，用于控制在动画播放过程中相应的程序流程和播放状态。在 Flash 动画中，所有的 ActionScript 程序最终都要通过一定的动作体现出来，程序是通过动作与动画发生直接联系的。例如，stop、play、goto 等都是动作，分别用于控制动画过程中的停止、播放、播放位置的转移等。

2．常量

常量与变量相对应，在程序编写过程中不能被改变，常用于数值的比较。

3．数据类型

在 ActionScript 中可以被应用，且能进行各种操作的数据有多种类型，其中包括 String（字符串）、Number（数字）、true 或 false（布尔运算值）及 Flash 中的各种对象及影片剪辑等，这些都可以作为 ActionScript 的数据类型。

4．构造器

构造器用于定义一个类的相关特性和方法的函数。

5．类

一系列相互之间有关联的数据集合称为一个类，可以使用类来创建新的对象。如果要定义一个新的对象类，需要事先创建一个构造器函数。

6．函数

可以多次使用的代码段，与程序语言中普遍意义上的函数含义完全相同，用于传递某些参数并且返回一定的值。

7．表达式

任何能产生一个值的语句都可以称为一个表达式。

8．标识符

用于识别某个变量、特性、对象、函数或方法的名称。这种名称遵循一定如下命名规则。

作为名字的第一个字符必须是字母、下划线或美元符号$三者中的一种，第二个字符必须是字母、下划线或美元符号。例如，sfSDkd 是一个合法的标识符，而 89adj 不是合法的标识符。

9．实例

一个类可以产生很多个属于这个类的实例，一个类的每一个实例都包含这个类的所有特性和方法。例如，所有影片剪辑都是影片这个类的实例，它们都有诸如_alpha 和_visible 这样的特性，以及 gotoAndPlay 和 getURL 这样的方法。

10．实例名

每个实例名都是唯一的，通过使用这个唯一的实例名可以在脚本中瞄准所需的影片剪辑。

11．变量

变量是一种可以保留任何数据类型值的标识符。变量可以被创建、改变和更新，它的存储值也可以在脚本中检索。

12．方法

方法是指被指派给某一个对象的函数，在一个函数被指派给一个对象后，它便可能作为这个对象的一个方法被调用。

13．关键字

和其他的程序语言一样，ActionScript 也有自己的保留关键字，这些关键字都有特别的意义，不可以作为标识符使用。

14．对象

对象是特征的集合。每个对象都有自己的名字和值，通过对象可以自由访问某一个类型的信息。

15．操作符

操作符根据一个或多个值计算出一个数值。例如，使用"*"号操作符可以计算两个值的乘积。

16．目标路径

目标路径以逐级锁定的形式指向动画中的一个影片剪辑实例名、变量或对象，主时间轴的名字总是_root。可以使用一条目标路径指向在一个影片剪辑中的动作，获得或设置一个变量的值。

17．属性

对象具有的独特属性。例如，影片剪辑的_alpha 特性用来决定影片剪辑的透明度。

9.1.3　常见添加脚本的对象

1．在按钮中添加

这种添加方式很常用，也很容易理解，例如，在欣赏一个成熟的 Flash 动画时，打开后首先要单击一个播放按钮，动画才开始播放，这就是在该按钮上添加了 ActionScript 程序的缘故。通常这种添加方式用于当被添加的按钮发生某些事件时执行相应的程序或者动作，如鼠标滑过按钮、按钮被按下或者放开等。

2．在影片剪辑中添加

使用这添加方式所添加的动作或程序，往往是在该影片剪辑被载入或是为了在某些过程中获取相关信息才被执行的。另外，任何一个元件对应于舞台上的所有实例都可以有自己不同的 ActionScript 程序和不同的动作，且执行中并不相互影响。这种方式在实际中应用较少，但使用起来会简化很多制作工作。

3．在帧中添加

将 ActionScript 添加在指定的帧上，也就是前面介绍的将该帧作为激活 ActionScript 程序的事件。添加后，当动画播放到添加 ActionScript 脚本的那一帧时，相应的 ActionScript 程序就会被执行。其典型的应用就是控制动画的播放和结束时间，根据需要使动作在相应的时间进行添加。根据播放动画的内容和要达到的控制要求在相应的帧添加所需的程序，可以有效地控制动画的播放时间和内容。

9.2　Flash CS4 的编程环境

Flash CS4 的主要编程环境就是在【动作】面板中，【动作】面板中有 4 个区域：脚本窗格、动作工具箱、脚本导航器、脚本助手。如图 9-1 所示，为帧的【动作】面板。下面以此为例，介绍【动作】面板的使用方法。

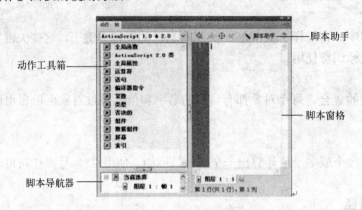

图 9-1　【动作】面板

- 脚本窗格：用于输入代码。脚本窗格为在一个全功能编辑器（称作 ActionScript 编辑器）中创建脚本提供了必要的工具，该编辑器中包含代码的语法格式设置和检查、代码提示、代码着色、调试，以及其他一些简化脚本创建的功能。
- 动作工具箱：用于快速访问核心 ActionScript 语言元素，浏览 ActionScript 语言元素（函数、类、类型等）的分类列表，然后将其插入到"脚本窗格"中。
- 脚本导航器：用于在文档中的所有脚本之间导航。可显示包含脚本的 Flash 元素（影片剪辑、帧和按钮）的分层列表。单击脚本导航器中的某一项目，则与该项目关联的脚本将显示在脚本窗格中。双击脚本导航器中的某一项，则该脚本将被固定，如图 9-2 所示。
- 脚本助手：提示输入脚本的元素，有助于用户更轻松地向 Flash SWF 文件或应用程序中添加简单的交互功能。脚本助手与【动作】面板配合使用，提示用户选择选项和输入参数。例如，不用从头编写脚本，可以从"动作工具箱"中选择一个语言元素，将它拖动到脚本窗格中，然后使用脚本助手帮助完成脚本，如图 9-3 所示。

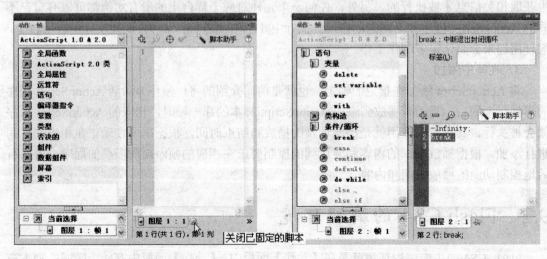

图 9-2　固定脚本　　　　　　　　　　　　　　图 9-3　脚本助手的使用

（5）　关闭脚本助手后，脚本窗格上方工具栏中的按钮如图 9-4 所示。

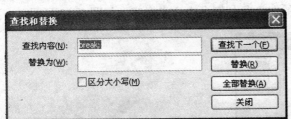

图 9-4　脚本窗格上方的工具栏

- ⊕：将新项目添加到脚本中。
- ⊕：单击后将弹出如图 9-5 所示的【查找和替换】对话框，在【查找内容】文本框中输入要查找的名称，再单击【查找下一个】按钮即可；在【替换为】文本框中输入要"替换为"的内容，然后单击右侧的【替换】按钮。
- ⊕：插入目标路径。动作的名称和地址被指定了以后，才能使用该按钮来控制一个影片剪辑或者下载一个动画，这个名称和地址就被称为目标路径。单击该按钮，在弹出如图 9-6 所示的【插入目标路径】对话框中输入插入对象的路径，或者直接在下边进行选择。选中后直接单击【确定】按钮。

图 9-5　【查找和替换】对话框　　　　　　　图 9-6　【插入目标路径】对话框

- ✓：语法检查工具。选中要检查的语句，单击该按钮，系统会自动检查其中的语法错误。比如选中"duplicateMovieClip({"后单击该按钮，将弹出出错信息提示框，如图 9-7 所示。在【编辑器错误】面板中将显示如图 9-8 所示的信息。

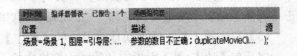

图 9-7　出错信息提示框　　　　　　图 9-8　【编译器错误】面板出错信息提示

- ≣：自动套用格式。选中该按钮，Flash CS4 将自动编排编写好的语言。
- ⊡：显示代码提示。
- 𝄇：调试选项，根据命令的不同可以显示相应的除错信息。
- ⦅⦆：大括号间收缩。在代码的大括号间收缩。
- ⊟：选择收缩。在选择的代码间收缩。
- ✳：展开所有收缩的代码。
- ⊡：应用块注释。

- ⊃ 📝：应用行注释。
- ⊃ 📄：删除注释。
- ⊃ ⊞：显示隐藏工具箱。
- ⊃ ⑦：由于动作语言太多，不管是学习或是资深的动画制作人员都会有忘记代码功能时，因此，Flash CS4 专门为此提供了帮助工具，帮助用户在开发过程中进行核查。

9.2.1　简单交互式动画实例——动态鼠标

1．基本原理

利用 starDrag()命令将某个影片剪辑对象拖放在舞台上，使对象跟随鼠标一起移动，形成一个动态的鼠标。

2．元件制作

（1）新建一个文档，将其保存为"动态鼠标"。执行【插入】→【新建元件】命令或按快捷键 Ctrl+F8，创建一个影片剪辑元件，命名为"mouse"，如图 9-9 所示。

（2）执行【插入】→【新建元件】命令或按快捷键 Ctrl+F8，创建一个图形元件，命名为"tuxing"。在"图形元件"的舞台中，利用"直线工具"／和"颜色桶工具"🎨绘制一个淡黄色的鼠标，并将鼠标的箭头顶部或图片的左上角与舞台中心点对齐，如图 9-10 所示。

图 9-9　创建 mouse 影片剪辑

图 9-10　绘制鼠标图形

3．动作脚本编写

（1）进入到"影片剪辑"的编辑舞台，将"tuxing"图形元件拖到舞台上。再单击舞台上方的 🎬 场景1，回到主场景编辑舞台。

（2）在【库】面板中，将影片剪辑实例"mouse"拖到舞台上，用鼠标单击选中该实例，在【属性】面板中设定实例名称为"mouse"（这里的"mouse"和元件名没有直接关系）。

（3）右击第 1 帧，选择快捷菜单中的【动作】命令，打开【动作-帧】面板。

（4）在【动作-帧】面板右边的脚本窗格中输入如下代码，使得鼠标图形跟随着鼠标的移动而移动。

```
startDrag("mouse");
```

（5）执行【控制】→【测试影片】命令或按快捷键 Ctrl+Enter，浏览影片的效果，会发现浏览器中鼠标图形跟随着鼠标的移动而移动。至此，动态鼠标效果完成。

9.3　帧及其他对象脚本的编写

帧的脚本与按钮和影片剪辑实例的脚本程序不同，它没有特殊的指定事件句柄，不需要将脚本程序写在诸如：onClipEvent(){}、onMousemove(){}等语句的大括号中，可以直接写在 ActionScript 对话框的程序编辑区中。

帧脚本程序的执行过程与按钮和影片剪辑实例不同，按钮脚本程序的执行过程是：当鼠标或者键盘在按钮上发生了某种动作，如经过按钮、单击按钮等，按钮脚本程序执行。影片剪辑实例同样也是这样。而帧脚本程序只有一种触发动作，即当此帧播放时，帧脚本程序被执行。

9.3.1　帧实例脚本的编写

通常可以为时间轴上每个关键帧添加脚本程序，它们在帧的播放过程中，对影片的各个对象进行控制。一般在影片的第 1 帧设定影片开始需要执行的动作，如定义函数，设定变量及创建影片的初始状态等。

下面通过一个帧脚本实例程序来介绍帧脚本。

这个例子的效果是要从 6 开始倒计时，等到 0 时，打开一个浏览器窗口，显示一个网页。

（1）新建一个文档，设置主场景中图层 1 名称为"背景"。

（2）在"背景"图层第 1 帧中，创建一个淡蓝色的圆形，如图 9-11（a）所示。在第 30 帧按 F5 键插入帧，将第 1 帧关键帧延长，如图 9-11（b）所示。

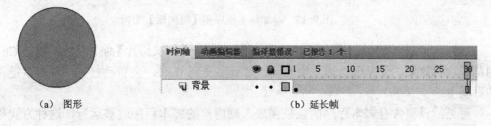

(a) 图形　　　　　　　　　　　　　(b) 延长帧

图 9-11　设置"背景"图层

（3）在时间轴上，新增一个图层，命名为"数字"，在第 1 帧的舞台上输入一个数字"6"，如图 9-12（a）所示。选中第 5 帧，右击，在快捷菜单中选择【插入关键帧】命令或按 F6 键，并在舞台上输入数字 5，按同样的办法，依次在第 10、15、20、25、30 帧上创建关键帧，并依次输入数字 4、3、2、1 和 0。此时的【时间轴】面板如图 9-12（b）所示。

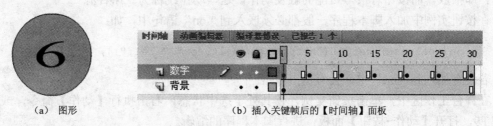

(a) 图形　　　　　　　　　(b) 插入关键帧后的【时间轴】面板

图 9-12　设置"数字"图层

（4）在"数字"层的第 30 帧上，右击，在快捷菜单中选择【动作】命令，打开【动作-帧】面板，在脚本窗格输入如下程序：

```
getURL("http://www.njlt.com","_self");
stop();
```

此时时间轴上的第 30 帧处将出现一个 "α" 标志，如图 9-13 所示。

图 9-13　添加脚本程序和【时间轴】面板

（5）保存文档为"帧脚本实例.fla"。执行【控制】→【测试影片】命令或按快捷键 Ctrl+Enter，浏览影片的效果，会发现当影片中的倒计时数字变到 0 时，会自动打开浏览器，链接到指定的页面中。

可见，只要含有脚本程序的帧被播放，则内部的脚本程序就被运行，这种方式称为"脚本程序被触发"，这个过程称为一个事件。

9.3.2　按钮实例脚本的编写

按钮元件中的脚本程序，一般只在按钮元件发生了动作后，脚本程序才被触发，如鼠标在按钮上方移过、鼠标左键单击、鼠标右键单击等，它不同于帧脚本，帧脚本只有一种触发动作，即播放，而按钮有很多可能的触发动作，这些动作统称为"事件源"。

在按钮实例中加入脚本程序一般都必须嵌入到"on"语句中，如：

```
on(realease){getURL("http://www.njlt.com","_self")};
```

若没有加入到"on"中，会有输出报错。

在舞台工作区中，单击按钮实例，使其处于选中状态，右击执行【动作】命令，或按快捷键 F9，打开【动作-按钮】面板，进行脚本程序的编辑。

下面列举一个为按钮实例添加动作脚本的例子，"帧脚本实例.fla"文件为例，具体方法及步骤如下。

（1）打开"帧脚本实例.fla"文件。执行【插入】→【新建元件】命令或按快捷键 Ctrl+F8，创建一个按钮元件，命名为"蓝天学院"。

（2）在按钮的编辑舞台上，选中"弹起"帧，绘制一个灰色的长方形，并利用"文字工具"输入"蓝天学院"字样，如图 9-14 所示。设置"指针经过"、"按下"和"点击"帧为关键帧，修改"指针经过"和"点击"帧的外观，如文字颜色等。如图 9-14 所示。

图 9-14　按钮在"弹起"、"指针经过"、"按下"和"点击"帧的外观

（3）单击舞台上方 场景 1 按钮，回到场景编辑舞台，新建图层命名为"蓝天学院"，设置第 1 帧为关键帧，将按钮"蓝天学院"拖放在舞台上，如图 9-15 所示。

（4）选中舞台上的"蓝天学院"按钮实例，执行【窗口】→【动作】命令或在选中实例时按 F9 键，打开【动作-按钮】面板，在脚本窗格中加入如下程序：

```
on(release){play();}
```

（5）单击选中"数字"图层中的每个关键帧，分别为每帧加入一个动作语句（最后一个关键帧第 30 帧除外）stop();。时间轴如图 9-16 所示。

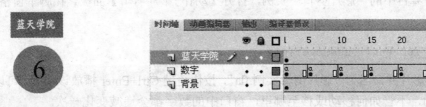

图 9-15　按钮事件实例　　　　　　　　　　　图 9-16　时间轴

（6）保存文档为"按钮脚本实例.fla"。执行【控制】→【测试影片】命令或按快捷键 Ctrl+Enter，浏览影片的效果。

（7）在播放器中浏览该动画时，只要用鼠标单击【蓝天学院】按钮，下方的数字就变化一次，当数字为 0 时，将打开"www.njlt.com"网页。

9.3.3　影片剪辑实例脚本的编写

影片剪辑实例中的脚本程序，只有在影片剪辑实例发生了某个事件后，才会被触发。一般先选中舞台上的影片剪辑实例，再打开影片剪辑【动作】面板，为实例添加脚本。需要强调的是，影片剪辑实例的脚本程序，必须嵌入到"onClipEvent"语句中，例如：

```
onClipEvent(MouseMove){getURL("http://www.niit.edu.cn", "_self")};
```

如果没有嵌入到"onClipEvent"语句中，ActionScript 将通过【输出】面板报错。

下面列举一个为影片剪辑实例添加动作脚本的例子，具体方法及步骤如下。

（1）新建 Flash 文档，执行【插入】→【新建元件】命令或按快捷键 Ctrl+F8，新建一个影片剪辑元件，命名为"数字剪辑"。

（2）将图层 1 命名为"背景"，在该层的第 1 帧，在舞台上绘制一个黑色的矩形，并在该图层的第 25 帧处插入普通帧或按快捷键 F5。

（3）新增一个图层，命名为"数字"，在第 1 帧输入一个数字 5，然后分别在第 5 帧、第 10 帧、第 15 帧、第 20 帧和第 25 帧插入关键帧并输入数字 4、3、2、1、0，并且将这 6 帧添加脚本程序：stop();。

实例图形和【时间轴】面板如图 9-17 所示。

图 9-17   实例图形和【时间轴】面板

（4）单击舞台上方 场景 1 按钮，回到场景编辑舞台，选中图层 1 的第 1 帧，从【库】面板中将"数字剪辑"元件拖至舞台。

（5）选中舞台中的"影片剪辑"实例，打开【动作-影片剪辑】面板，在脚本窗格中添加如下代码：

```
onClipEvent(mouseMove){play();};
```

（6）保存影片并命名为"影片剪辑实例.fla"，按快捷键 Ctrl+Enter 播放该动画，可以发现，只要鼠标移动，不管如何移动或移至哪里，窗口中的数字都会递减变化一次。

小结

通过本章的学习，用户应该了解 ActionScript 的强大编程能力。正是因为有了 ActionScript，使得 Flash CS4 可以创建复杂的交互式动画，而不是一味的"广告式"动画。本章介绍了 ActionScript 的作用、编程环境、动作及产生行为动作的事件等。在 ActionScript 动画中的每个行为都包含了事件和动作。事件是触发动作的信号，而动作是事件的反应结果。事件和动作是相辅相成的。本章通过多个实例讲解了在不同模式下，为帧、按钮、影片剪辑实例等对象设置事件，从而产生动作的编程思想和编程方法。为以后创建复杂的交互式动画打下了基础。

习题

一、填空题

1. Flash 脚本程序文件的后缀名是 _____。
2. 打开【动作】面板的快捷键是_____。
3. 对按钮实例编写的脚本程序必须嵌入到_____语句中。
4. 对影片剪辑实例编写的脚本程序必须嵌入到_____语句中。
5. 帧的脚本只能写在_____帧中。

二、简答题

1. 什么是 ActionScript？它有哪些基本要素？主要有哪些类型？

2. 什么是"事件"和"动作"？它们之间的关系是什么？

3. 采用多种方法，针对按钮、关键帧和影片剪辑，调出几种【动作】面板。

三、制作题

1. 制作一个小球的运动过程。要求：当影片开始播放时，小球是静止的，当按下某一个按钮后小球开始运动。

2. 设计一个酷眩鼠标，在鼠标移动时，其后紧跟着一串可移动的文本对象，要求文本对象本身也在不断的随机变换着颜色。

第 10 章　ActionScript 的语法规范

本章要点：

- ☑ ActionScript 的基本语法
- ☑ ActionScript 的数据类型
- ☑ ActionScript 程序中的变量
- ☑ ActionScript 程序中的操作符

Flash 使用 ActionScript 给动画添加交互性。在简单动画中，Flash 按顺序播放动画中的场景和帧，而在交互动画中，用户可以使用键盘或鼠标与动画交互。例如，可以单击动画中的按钮，然后跳转到动画的不同部分继续播放；可以移动动画中的对象；可以在表单中输入信息等。

10.1　ActionScript 简介

随着 Flash 版本的不断更新，ActionScript 也发生着重大的变化，从最初 Flash 4 中所包含的十几个基本函数提供对影片的简单控制，到现在 Flash CS4 中的面向对象的编程语言，并且可以使用 ActionScript 来开发应用程序。

Flash CS4 中包含多个 ActionScript 版本，以满足各类开发人员和回放硬件的需要。

1．ActionScript 3.0

在 Flash CS4 中，ActionScript 进行了大量的更新，所包含的最新版本称为 ActionScript 3.0，ActionScript 3.0 和早期的 ActionScript 2.0 相比发生了较大的变化。

ActionScript 3.0 的执行速度极快。与其他 ActionScript 版本相比，此版本要求开发人员对面向对象的编程概念有更深入的了解。ActionScript 3.0 完全符合 ECMAScript 规范，提供了更出色的 XML 处理，以及改进的事件模型和用于处理屏幕元素的改进的体系结构。使用 ActionScript 3.0 的 FLA 文件不能包含 ActionScript 的早期版本。

2．ActionScript 2.0

ActionScript 2.0 比 ActionScript 3.0 更容易学习。尽管 Flash Player 运行编译后的 ActionScript 2.0 代码比运行编译后的 ActionScript 3.0 代码速度慢，但 ActionScript 2.0 对于许多计算量不大的项目仍然十分有用，如更加面向设计的内容。ActionScript 2.0 也基于 ECMAScript 规范，但并不完全遵循该规范。

3．ActionScript 1.0

ActionScript 1.0 是最简单的 ActionScript，仍为 Flash Lite Player 的一些版本所使用。ActionScript 1.0 和 2.0 可共存于同一个 FLA 文件中。

在使用 Flash CS4 时，究竟是选择 ActionScript 3.0 还是 ActionScript 2.0，主要根据项

目的大小和要求来决定，如果只是简单的交互动画制作或影片的控制、游戏的开发，ActionScript 2.0 已经足以胜任了，但是如果需要开发大型的基于互联网的应用程序，则应该选择 ActionScript 3.0。

10.2 ActionScript 的基本语法

Flash CS4 的 ActionScript 和其他编程语言一样，具有自己的语法规范，包括基本语法、数据类型、变量及各种操作符等。ActionScript 自己的语法特性决定了哪些字符和单词可以用于创建不同的目标对象，执行不同的动作操作，并按照自己的规则去组织和编写脚本程序。

10.2.1 "."语法

可以使用点语法 "."（又称点运算符号）来访问对象或变量的属性和方法。点语法可以指出对象或影片剪辑的某项属性，还可以标识出多个嵌套影片剪辑的路径或者变量。一个点语法表达式以对象或影片剪辑的名字开始，后面跟着一个点 "."，再跟着相关属性、方法或者变量，使得构成一个完整意义的表达式。例如：在舞台工作区中，有一个影片剪辑实例 "mouse"，其中 "_x" 是它的一个属性，表示实例对象在舞台中的 X 轴坐标。此时，就可以使用 "mouse._x" 来指出实例 "mouse" 在 X 轴方向上与原点的距离，也可以利用点运算符给一个表单传递数值，格式如下：

```
abc.form.submit = true;
```

这样书写确定了 "abc" 传送变量的数值为真。

在点语法的使用中，对象实例有三个特殊的关键字 "_root"、"_parent" 和 "this"，这三个关键字分别赋予舞台工作区中的某对象一个别名。

10.2.2 ";"语法

在 ActionScript 中，任何一条语句都是以分号作为结束的，但是，即使省略了作为语句结束标志的分号，Flash 同样可以成功地编译这个脚本。

例如下列两条语句，一条采用分号作为结束标记，另一条则没有，但它们都可以由 Flash CS4 编译。

```
sumone= "abcd";
sumone= "abcd"
```

10.2.3 "{ }"语法

大括号 "{}" 可以把一段 Actions 代码括起来，用于分割一段程序区。括号中的代码组成一个相对完整的代码段来完成一个相对独立的功能。在子程序、函数或者函数组中，这种代码用得比较多。大括号 "{}" 还有一些特定的用法，如用在响应鼠标事件、调用影片剪辑或循环语句中等。例如以下代码：

```
on(release) {
```

```
theDate= new Date();
currentMonth = theDate .getMonth();
}
```

在声明函数和定义函数、构造类的时候，也同样将程序块放到大括号中，如：

```
function eg1 (temp) {
temp=temp+temp;
return temp;
}
```

10.2.4 "( )"语法

当定义一个函数，或者在函数调用中要传送一些参数时，参数就需要放到圆括号中。

```
Function myfun(name,age,school){
}
```

也可以使用圆括号包含的方式，内部使用点语法，在点的左边计算表达式，右边传递参数。例如，要使对象变化成新的颜色，可以如下实现：

```
onClipEvent(load) {
(myobject(this)).setRGB(0xffaa00);
}
```

如果不使用圆括号，语法就必须多写一个代码段来实现：

```
onClipEvent(load) {
myobject = new Color(this);
myobject.setRGB(0xffaa00);
}
```

另外，圆括号也是表达式中的一个运算符，具有运算的最高优先级。

10.2.5 字母大小写

同 C++，Java 一样，ActionScript 也是严格区分大小写的，如：For 并不等于 for。若在代码中使用了 For，在运行和检查时都会产生错误。

在 ActionScript 中只有关键字对大小写敏感，如果关键字没有正确的使用大小写，代码将会出错。但是对于变量、实例名和帧标签，ActionScript 是不区分大小写的，但是在书写时保持大写或小写的一致性是一种良好的习惯，这样别人或者自己在阅读代码时可以比较容易地理解，也容易找到相应的函数与变量。例如，下面的代码是完全等价的：

```
MyExmp.height = true;
myExmp.height = true;
```

10.2.6 关键字

ActionScript 中的关键字是在 ActionScript 程序语言中有特殊含义的保留字符，不能将它们作为函数名、变量名或标号名来使用，如表 10-1 所示。

表 10-1　ActionScript 中的关键字

关 键 字	关 键 字	关 键 字	关 键 字
break	continue	delete	else
for	function	if	in
new	return	this	tupeof
var	void	while	with

10.2.7　"//" 注释语句

可以使用注释语句（注释符号为 "//"）对程序添加注释信息，这有利于帮助设计者和程序阅读者理解这些程序代码的意义。例如下列程序段就使用了注释语句：

```
//计算 "x" 阶乘的函数
function f(x) {
    if (x<=0) {              //假如 x 小于等于 0
    return 1;                //返回 1
        }
    else {
    return x*f(x-1);         //否则返回阶乘结果
        }
    }
```

✦　ActionScript 的每行语句都以分号 ";" 结束，不同于 BASIC 语言。ActionScript 语句同 C++，Java，Pascal 一样允许分多行书写，即允许将一条很长的语句分割成两个或更多的代码行，只要在结尾加一个分号就行。

10.3　ActionScript 的数据类型

数据类型是程序的最基本元素，用来描述一个变量或 ActionScript 元素能够拥有的信息特性。ActionScript 数据类型主要有以下两种。

基本数据类型：字符串、数值、布尔型等。基本数据类型都有一个不变的值，可以保存它所表示元素的实际值。

引用数据类型：对象和影片剪辑等。引用数据类型的值可以改变，因此它们所包含的是对元素实际值的引用。

10.3.1　字符串（String）类型

字符串是由多个字符、数字、标点等组成的序列，在 ActionScript 中引用和输入字符串时要用单引号（''）或双引号（""）括起来，使得字符串作为字符而非变量被系统调用。在 ActionScript 程序中，经常会用到一些特殊的字符串，如：以 "\" 字符开始的加了引号的字符串可以当作一个扩展的字符，也称作转义符。这些扩展的字符在 ActionScript 中有些不能被描述出来，但可以通过双引号将转义符直接嵌套，加以调用符号本身。具体的转义符见表 10-2。

表 10-2　转义符及对应的 ASCII 值

转 义 字 符	字 符 含 义
\b	退格符(ASCII 8)
\f	换页符(ASCII 12)
\n	换行符(ASCII 10)
\r	回车符(ASCII 13)
\t	制表符(ASCII 9)
\"	双引号
\'	单引号
\\	反斜杠
\000 - \377	单字节八进制数
\x00 - \xFF	单字节十六进制数
\u0000 - \uFFFF	双字节十六进制数

10.3.2　数值类型

Flash CS4 的 ActionScript 中的数值型数据都是双精度浮点型数值，在 Flash 编程中淡化了数值类型的概念，在它之下不再细分小的类型，可以使用算术运算符来处理数字。算术运算符见表 10-3 所示。

表 10-3　算术运算符

操　作	操 作 名 称
+	加
−	减
*	乘
/	除
%	取模运算
++	自加 1
--	自减 1

10.3.3　布尔（Boolean）类型

布尔类型的值只能为"真"或"假"。在 ActionScript 中的"真"、"假"也可以和"1"，"0"进行转化。同样的，也可以用"1"，"0"来给布尔类型变量赋值。例如：

```
if ((exam1 == true) && (exam2 != true)){
exam3=0;
play();
}
```

这是一个控制播放的脚本，当条件为真时，为 exam3 赋值，并开始播放电影。

10.3.4　对象（Object）类型

对象类型是一组属性的集合，组中每个属性都是单独的一种数据类型，都有其自身的名称和数值，这些属性可以是数据类型，也可以嵌入对象数据类型，也就是说这些对象都可以相互嵌入。当需要具体指出某个对象或属性时，使用点 "**.**" 运算符即可，如下所示：

```
Date.stateDate.myDate
```

上述语句中，myDate 是 stateDate 对象的一个属性，同时 stateDate 又是 Date 的一个属性，通过此语句可以调用 myDate 属性。

10.3.5　影片剪辑（MovieClip）类型

影片剪辑实例是一个对象，也是一种数据类型，这种数据类型用来对某个动画进行操作和控制。当一个变量被赋予了影片剪辑实例数据类型的对象后，就可以通过影片剪辑实例的方法来控制影片剪辑实例的播放。这在面向对象编程中，经常会使用到。

10.4　ActionScript 变量

变量就是存储内容的载体。同一个载体所承载的对象可以不同，变量也是如此。一般来说，变量的内容发生改变，而变量名不变。变量可以是多种数据类型。可以是数值型、字符串型、布尔型、对象型或影片剪辑型等。通常用变量来保存或改变动作语句的参数值。

10.4.1　命名变量

变量的命名规则如下：
- 开头的第一个字符必须是字母，不能是非字母元件；
- 变量名必须是一个合法的 ActionScript 标识符，不可以是关键字或文字标识值；
- 变量必须有唯一的自身变量范围。

尽管 Flash CS4 的 ActionScritp 提供了弹性的和自由的变量、对象的命名规则，但在具体编写时，还应该注意以下一些方面。
- 避免使用空格、句号和一些特殊的字符元件来标识一个变量。
- 使用独立的名字，避免和其他变量或对象设置相同的名称。
- 使用系统信息表示一个变量名，或者使用变量的作用范围来表示一个变量名。例如，使用 "MC" 作为影片剪辑名称的前缀，如 "MC_var"。在 Flash 影片中，变量的作用范围有两种，全局变量（Global）和局部变量（Local），使用 "Local" 和 "Global" 或 "G" 和 "L" 来作为前缀为变量命名。
- 可以使用多个单词描述一个变量。例如："firstVar"、"secondDate"。
- 使用 var 或 set variable 声明一个变量。尽管 Flash CS4 系统不要求这样做，但这样会是一个好习惯，方便以后的检查和阅读。

🖋　如果在定义时不明确一个变量的类型，则 Flash CS4 会在为变量赋值时自动确定它的数据类型。例如，x="hello"会将 x 的类型设定为字符串。尚未赋值的变量的类型为"undefined"。

10.4.2　变量的赋值

在 Flash CS4 中，不必明确地指出或定义变量的类型，Flash CS4 会在赋值时自动定义变量的类型。最好是在影片的第 1 帧定义所有的变量，并进行程序的初始化。例如：

```
x=3;
y=" hello ";
z=x+y;   //z 的值是字符串"3hello"
```

当表达式需要时，ActionScritp 还会根据需要变换数据类型，例如，当把一个值传递给 trace 动作时，trace 动作会自动将接收到的值转换成字符串。用户可以使用这个动作来调试脚本、跟踪变量的值及跟踪脚本的分支流向。

在含有操作符的表达式中，ActionScritp 会根据需要变换数据类型，例如，当"+"操作符被用于字符串计算时，ActionScritp 会自动将另一个数据的类型转换为字符串（如果它不是字符串），如上例中，ActionScritp 会自动将变量 x 的值 3 转换成字符串 3，并将其加载到字符串型变量 y 的前面形成一个新的字符串"3hello"，并赋值给变量 z，那么 z 就是字符型变量。

10.4.3　变量的生存周期

变量的生存周期是指变量的作用范围，也就是作用域。Flash CS4 的变量分为全局变量和局部变量，全局变量可以在时间轴的所有帧中共享，而局部变量只能在一块程序段内（如函数的大括号内）起作用。变量的的生存周期可以有效地减少变量之间的冲突，对程序来说不易出错。因为有了生存周期，就可以利用变量的生存周期在不同的影片剪辑中引用相同的变量。

在 Flash CS4 中，可以使用"var"语句在脚本内部声明局部变量，可以使用"set variable"语句或直接用"＝"运算符来声明全局变量，两者效果相同，如下所示。

```
function exam1(){
var x;
 y= x + 1;
 }
```

程序中变量"x"就是内部变量，变量"y"就是全局变量。

🖋　全局变量的作用范围是不能够跨过元件的，也就是说，它只作用在当前的时间轴中，如果需要调用其他元件的变量，可以使用点语法。

10.4.4　变量的声明

通过前面的内容学习，用户了解了变量的类型及其定义，针对变量的声明作如下三点说明。

（1）在声明时间变量时，"set variable"与用"＝"的效果是一样的；

（2）在声明局部变量时，如果使用"var"语句声明变量，那么这个局部变量只能在该程序段中使用；

（3）在变量名前加"_global"可以声明一个全局变量。

例如：

```
_global.example="test";
```

10.4.5　在脚本中使用变量

要想在脚本中使用变量，首先必须在脚本中声明这个变量，如果使用了未作声明的变量，则将会出现错误。

另外，还可以在一个脚本中多次改变变量的值，变量包含的数据类型将对变量何时及怎么改变产生影响。原始的数据类型，如字符串和数字等，将以值的方式进行传递，也就是说变量的实际内容将被传递给变量。

例如，在下面的程序段中，x 的值被设置为 9，然后这个值被赋给 y，随后 x 的值重新改变为 8，但此时 y 仍然是 9，因为 y 并不跟踪 x 的值，它在此只是存储 x 曾经传递给它的值。

```
var x=9;
var y=8;
var x=10;
```

🖝 如果引用除影片剪辑以外的某个对象，则一旦被引用就不能再被删除，这种引用称为硬引用（Hard Reference）；而对一个影片剪辑的引用则被称为软引用（Soft Reference），因为软引用不能强制被引用的对象存在。如果一个影片剪辑被一个诸如 removeMovieClip 这样的动作删除了，那么此后所有对该影片剪辑的引用将不再有效。

10.5　ActionScript 的操作符

Flash CS4 提供了大量的操作符号，可对数值、字符串等进行运算处理，甚至是二进制数进行计算。也可以用来连接表达式，并指定表达式之间关系。

10.5.1　比较操作符

比较操作符用于比较表达式的值，然后返回一个布尔类型的值（true 或 false）。这些操作符通常用于循环语句和条件语句中。例如在下面的示例中，如果变量 num 为 100，则载入特定的影片；否则，载入不同的影片：

```
if (num>100){
    loadMovieNum("flash.swf", 10);
}
else {
    loadMovieNum(" other.swf", 10);
}
```

常用的比较操作符有"<"、">"、">="和"<="。除此之外，等于(==)操作符也可以用来比较两个操作数的值或标识是否相等。这个比较运算会返回一个布尔类型的值（true 或

false）。如果操作数为字符串、数字或布尔值，它们会按照值进行比较。如果操作数为对象或数组，它们将按照引用进行比较。

在使用等于(==)操作符的过程中，经常会出现用赋值运算符检查等式这样的错误。例如，可以使用"if (x == 1)"语句将 x 与 1 进行比较，而不能使用表达式"x = 1"，因为它不会比较操作数，而是将值 1 赋予变量 x。

10.5.2　字符串操作符

"+"操作符在处理字符串时会有特殊效果，它会将两个字符串操作数连接起来。例如，下面的语句会将"My name is"连接到"WangGang"上。

" My name is " + " WangGang "

结果是"My name is WangGang"。如果"+"操作符的操作数中只有一边是字符串，Flash会自动将另一个操作数转换为字符串。

比较操作符"<"、">"、">="和"<="在处理字符串时也有特殊的效果。这些操作符会比较两个字符串，以确定哪一个字符串排在前面。如果两个操作数都是字符串，比较运算符将只比较字符串。如果只有一个操作数是字符串，动作脚本会将两个操作数都转换为数字，然后执行数值比较。

10.5.3　算术操作符

算术操作符（又称数字运算符）可以执行常规的加法、减法、乘法、除法运算，也可以执行其他算术运算。增量运算符最常见的用法是 i++，而不是比较烦琐的 i= i+1。可以在操作数前面或后面使用增量运算符。

在下面的示例中，num 先递增加 1，然后再与数字 30 进行比较。

```
if (++num >= 30)
```

在下面的示例中，num 先和 30 进行比较运算，执行比较之后再递增加 1。

```
if (num++ >= 30)
```

10.5.4　逻辑操作符

通常逻辑操作符是用来比较布尔类型表达式或布尔类型值（true 和 false）的，然后再返回一个布尔类型的值。例如，如果两个操作数都为 true，使用逻辑"与"运算符(&&)操作后，将返回 true。如果其中一个或两个操作数为 true，使用逻辑"或"运算符（||）操作后，将返回 true。表 10-4 列出了常见的逻辑操作符：

表 10-4　ActionScript 中常见的逻辑操作符

操　作　符	说　　明
&&	逻辑与
‖	逻辑或
!	逻辑非

10.5.5　位操作符

位操作符在内部处理浮点数值，可以把浮点数当作整数来处理。同时还可以进行一些加密的编程。表 10-5 列出了 ActionScript 中的位操作符。

表 10-5　ActionScript 中的位操作符

操 作 符	说 明
&	按位与
|	按位或
^	按位异或
~	按位非
<<	位左移
>>	位右移
>>>	位右移，用零来填充

10.5.6　扩展赋值操作符

在学习扩展赋值操作符之前，先来了解一下"等于"系列操作符。等于操作符（==）可以确定两个操作数的值或身份是否相等，这种比较的结果是返回一个布尔值（true 或 false），如果操作数是字符串、数字或布尔值，它们将通过值来比较；如果操作数是对象或数组，它们将通过引用来比较。全等（===）操作符与等于操作符（==）相似，但有一个很重要的差异，就是全等操作符不执行类型转换。如果两个操作数属于不同的类型，全等操作符会返回 false。不全等（!==）操作符的意义很简单，就是返回和全等操作符相反的值。表 10-6 列出了动作脚本中等于系列的操作符。

表 10-6　ActionScript 中的等于系列操作符

操 作 符	执行的运算
==	等于
===	全等
!==	不等于

可以使用赋值（=）操作符给变量进行赋值，例如：

```
name = "WangGang";
```

还可以使用赋值操作符在一个表达式中给多个参数赋值，例如：

```
My_age=Jone_age=Rose_age=40;
```

在赋值（=）操作符之前加上其他操作符，如"+="、"*="等，可以构成复合操作符。复合操作符的作用很好理解，例如，可以有：

x += 3;　　等价于　　x = x + 3;

x *= 5;　　等价于　　x = x * 5;

表 10-7 列出了 ActionScript 脚本中的各类赋值操作符。

表 10-7   ActionScript 中的赋值操作符

操 作 符 号	符号含义说明
=	赋值
+=	相加并赋值
-=	相减并赋值
*=	相乘并赋值
%=	求模并赋值
/=	相除并赋值
<<=	按位左移位并赋值
>>=	按位右移位并赋值
>>>=	右移位填零并赋值
^=	按位"异或"并赋值
|=	按位"或"并赋值
&=	按位"与"并赋值

10.5.7   点和数组访问操作符

可以使用点操作符（.）和数组访问操作符（[]）访问内置或自定的动作脚本对象的属性，包括影片剪辑的属性。对象名称一般位于点运算符的左侧，其属性或变量的名称则位于点运算符的右侧。属性或变量名称不能是自定义的字符串或字符串变量，而必须是一个标识符。例如：

```
year.month = "June";
year.month.day = 9;
```

点操作符和数组访问操作符执行相同的功能，但是点操作符将标识符作为其属性，而数组访问操作符会将其内容当作名称，然后访问该名称变量的值。例如，下列表达式会访问影片剪辑 MC_Rangle 中的同一个变量 var_Hight：

```
MC_Rangle.var_Hight;
MC_Rangle["var_Hight"];
```

数组访问操作符还可以动态设置和检索实例名称和变量。例如，在下面的代码中，会判断数组访问操作符中的表达式，判断的结果用于从影片剪辑"MC_Rangle"中检索所得的变量名称：

```
MC_Rangle ["mc_ran" + i];
```

还可以使用 eval 函数，获得实例的变量名称，如下所示：

```
eval("mc_ran" + i)
```

数组访问操作符还可以用在赋值语句的左侧。这样就可以动态设置实例、变量和对象的名称，如下所示：

```
MC_Rangle [index] = "20";
```

10.5.8 运算符的优先级

和其他语言一样，在含有两个或多个运算符的运算表达式中，各个运算符优先级总是不一样的，使得运算的顺序有所不同。ActionScript 中各个运算符也按照一个精确的层次关系来先后执行。例如，乘法总是先于加法执行；但是，括号中的项目会优先于乘法。各运算符优先级和结合性如表 10-8 所示，用户在编写程序时可以参考比较。

表 10-8 运算符优先级和结合性

运 算 符	描 功 能 述	结 合 性
最高优先级（依此表从高到低）		
+	一元加	从右到左
−	一元减	从右到左
~	按位求补	从右到左
!	逻辑非	从右到左
not	逻辑非（Flash 4 格式）	从右到左
++	快速加	从左到右
−−	快速减	从左到右
( )	函数调用	从左到右
[ ]	数组元素	从左到右
.	构造成员	从左到右
++	前加	从右到左
−−	前减	从右到左
new	分配对象	从右到左
delete	删除对象	从右到左
typeof	对象类型	从右到左
void	返回一个未定义的值	从右到左
*	乘	从左到右
/	除	从左到右
%	取模	从左到右
+	加	从左到右
add	串联接（Flash 4 格式）	从左到右
−	减	从左到右
<<	位左移	从左到右
>>	位右移	从左到右
>>>	位右移多余部分补零	从左到右
<	小于	从左到右
<=	小于等于	从左到右
>	大于	从左到右
>=	大于等于	从左到右
lt	小于（字符串比较）	从左到右
le	小于等于（字符串比较）	从左到右

运 算 符	描 功 能 述	结 合 性
gt	大于（字符串比较）	从左到右
ge	大于等于（字符串比较）	从左到右
==	等于	从左到右
!=	不等于	从左到右
eq	等于（字符串比较）	从左到右
ne	不等于（字符串比较）	从左到右
&	按位与	从左到右
^	按位异或	从左到右
|	按位或	从左到右
&&	逻辑与	从左到右
and	逻辑与（Flash 4 版本）	从左到右
||	逻辑或	从左到右
or	逻辑或（Flash 4 版本）	从左到右
? :	条件选择	从右到左
=	赋值	从右到左
"*=,/=,%=,+=,-=,&=,|=,^=,<<=,>>=,>>>="	复合赋值	从右到左
,	多重计算	从左到右

小结

若想创作出交互式的高级动画，就必须使用 ActionScript 动作脚本来编写程序。同其他编程语言一样，ActionScript 也有它自己的语法结构。本章从最基本的语法开始，详细介绍了 ActionScript 的编程语法和使用规范。有一定编程基础的用户可能发现，ActionScript 作为一个脚本语言，它和其他流行的脚本语言非常相似，但也有不同点。本章在介绍 ActionScript 语法规范的同时，也部分地和 JavaScript 等语言进行比较，加深用户的印象。因为，清楚地掌握 ActionScript 语法规范，是日后用户正确、熟练编写程序的前提要素。

习题

一、填空题

1．要访问一个名为"myclip"的影片剪辑中的一个名为"my"的对象的"_x" 属性在脚本中应写成_____。

2．在给影片剪辑命名时，"My"和"my"是_____（等价/不等价）的。

3．在脚本的编写中，For 和 for 是_____（等价/不等价）的。

4．在 Flash 的脚本编写过程中，通常以_____（符号）作为一句话的结束标志。

5．用_____来连接字符串"abcd"和"efgh"可以使得连接结果为"abcdefgh"。

6．已知 i =10，则表达式 i ++>10 和 ++ i>10 中成立的是_____。

二、简答题

1．注释符"//"和"/*…*/"有什么区别？

2．"点语法"的作用是什么？"点语法"中其点号前后的变量之间有什么关系？

3．在 ActionScript 中，变量的命名规则有哪些？

4．在 ActionScript 中引用和输入串时为什么要用单引号（''）或双引号（""）括起来？

三、制作题

1．作一个图形元件实例在舞台上从左向右移动效果，要求用动作脚本实现其效果。

2．制作一个可以通过单击按钮来改变椭圆颜色的程序，要求每单击一次，椭圆颜色就发生一种新的变化。

第 11 章　动作与函数

本章要点：

- ☑ Flash CS4 中基本的 Action 语句
- ☑ ActionScript 中的控制语句
- ☑ ActionScript 中的常用函数
- ☑ ActionScript 中的数学函数

11.1　Flash CS4 *动作语句*

Flash 从 4.0 版本开始加入了较复杂的交互性，包含变量、判断及执行时间轴控制对象的内容属性，Flash CS4 在 ActionScript 上有了很大的增强，Flash CS4 提供了强大的【动作】面板，通过【动作】面板，可以设置各种交互行为。

通过前面的学习可以了解到，ActionScript 可以为关键帧、按钮、影片剪辑等设置动作。在所编辑的舞台中，选中要设置动作的对象，执行【窗口】→【动作】命令或按快捷键 F9 打开【动作-帧】面板，如图 11-1 所示。

图 11-1　【动作-帧】面板

通过对话框左边的命令选择区，可以设定要触发对象的事件及对象执行的动作等。动作脚本可以由单一动作组成，如指示影片停止、播放等操作；也可以由一系列动作组成，如先计算条件，再执行动作。下面就分类介绍 ActionScript 的动作语句与函数。

11.1.1　时间轴控制命令

影片的播放是有一定顺序的，当然这样的顺序并非是不能改变的。动作指令中有很多的指令是用于控制和获取帧的。在帧的【属性】面板上，还可以为帧加上标签。这样，在控制帧播放顺序时就会很方便了。在 Flash 动画制作中，通过控制帧来实现交互也是一种常见的方法，时间轴控制语句是最基本的动作，常见的时间轴控制语句有以下几种。

1．goto 命令（跳转到指定的帧播放）

goto 命令有 gotoAndPlay 和 gotoAndStop 两个命令。

使用 gotoAndPlay 命令，可以让影片剪辑跳转到某一指定位置继续播放。

在【动作】面板的参数设置区中，参数【场景】用于决定目标场景的名称。参数【帧】用于决定要跳转播放帧的序号或标签，该参数设定为数字值时表示要跳转播放的帧的帧序号，为字符串值时表示要跳转播放的帧的帧标签。书写的格式是：gotoAndPlay（场景，帧）。其中，当【场景】参数省略时，表示目标场景为当前场景。

示例如下：

```
on(release) {
gotoAndPlay(16);
}
```

说明：此例是某个按钮的动作脚本。当用户单击按钮并释放时，系统将执行"gotoAndPlay(16)"命令，播放头将转到第 16 帧并开始播放。

使用 gotoAndStop 命令可以让影片剪辑跳转到相应的帧并停止播放。具体各参数的含义及设置同 gotoAndPlay 命令。示例如下：

```
on(release) {
gotoAndStop(16);
}
```

说明：当用户单击 gotoAndStop 脚本所在按钮时，播放头将转到第 16 帧并停止播放。

2．on 命令（鼠标事件的触发条件）

on 命令指定触发动作的鼠标事件或者按键事件。

on 命令可以捕获当前按钮（Button）中的指定事件，并执行相应的程序块（statements）。参数（鼠标事件）指定了要捕获的事件，具体如下。

press：当按钮被按下时触发该事件。

release：当按钮被释放时触发该事件。

releaseOutside：当按钮被按住后鼠标移动到按钮以外并释放时触发该事件。

rollOut：当鼠标滑出按钮范围时触发该事件。

rollOver：当鼠标滑入按钮范围时触发该事件。

dragOut：当按钮被鼠标按下并拖拽出按钮范围时触发该事件。

dragOver：当按钮被鼠标按下并拖拽入按钮范围时触发该事件。

keyPress（"key"）：当参数（key）指定的键盘按键被按下时触发该事件。

书写格式为：

```
on(鼠标事件){
```

```
                statements;
            }
```

说明："鼠标事件"为触发事件关键字，表示要捕获的事件。"statements"为具体行为
动作执行的程序代码。

具体使用示例如下所示。

```
    on(press)  {                          //当按下鼠标按钮时
    startDrag("test");                    //执行 startDrag 动作，对 test 对象进行拖拽
        }
    on(release)  {                        //当释放鼠标按钮时
    trace(_root.test._y);
    trace(_root.test._x);
    stopDrag();                           //执行 stopDrag()放下对象,停止拖拽
        }
```

3．stop 命令

使用 stop 命令，可以控制当前语句所在位置的影片剪辑动画使其停止播放。书写格式为：

```
    stop();
```

4．stopAllSounds 命令（停止所有声音的播放）

使用 stopAllSounds 命令可停止所有声音的播放，一般与按钮配合使用。当执行此脚本后，
Flash 影片中所有正在播放的声音将会停止，但动画的播放不会受到影响。

书写格式为：

```
    stopAllSounds();
```

具体使用示例如下所示。

```
    on(release)  {
    stopAllSounds();
        }
```

说明：上面的代码可以应用到一个按钮中。当单击此按钮时，将停止影片中所有正在播
放的声音。

5．play 命令

play 是一个播放命令，用于控制时间轴上指针的播放。运行后，开始在当前时间轴上连
续显示场景中每一帧的内容。该命令比较简单，无任何参数选择，一般与 stop 命令及 goto 命
令配合使用。书写格式为：

```
    play();
```

下面的代码使用 if 语句检查用户输入的名称值。如果用户输入 456789，则调用 play 动作，
而且播放头在时间轴中向前移动。如果用户输入 456789 以外的任何内容，则不播放影片，而
显示带有变量名 alert 的文本字段。

```
Stop();
If(password=="456789"){
    play();
} else {
    Alert="Your password is not right!";
}
```

11.1.2　浏览器/网络控制命令

浏览器/网络中的命令是用来控制 Web 浏览器和网络播放等动作效果的。通过这部分的动作脚本，可以实现影片与浏览器及网络程序的交互操作。这部分命令主要包括 getURL、fscommand、loadMovie、unloadMovie 和 loadVariables 等。

1．fscommand 语句

使用 fscommand 语句，可以向 Flash 播放器传递两个字符串参数。在 Web 页面中的 Flash 可以将 fscommand 传递来的参数交给 JavaScript 进行处理，完成一些和 Web 页面内容相关的互动工作。

书写格式为：

　　　　fscommand(命令，参数)；

参数中"命令"是一个传递给外部应用程序用的字符串，或是传递给独立的 Flash Player的命令。而"参数"是一个传递给外部应用程序用于任何用途的字符串，或是传递给 Flash Player的一个变量值。

fscommand 动作使 Flash 影片能够与 Flash Player 或承载 Flash Player 的程序（如 Web浏览器）进行通信。还可使用 fscommand 动作将消息传递给 Macromedia Director，或者传递给 Visual Basic、Visual C++ 和其他可承载 ActiveX 控件的程序。

该语句的用法如下。

（1）若要将消息发送给 Flash Player，必须使用预定义的命令和参数。

（2）若要在 Web 浏览器中使用 fscommand 动作将消息发送到脚本撰写语言（如JavaScript），可以在"命令"和"参数"中传递任意两个参数。这些参数可以是字符串或表达式，在捕捉或处理 fscommand 动作的 JavaScript 函数中使用。

在 Web 浏览器中，fscommand 动作在包含 Flash 影片的 HTML 页中调用 JavaScript 函数moviename_DoFScommand。moviename 是 Flash Player 影片的名称，该名称由 EMBED 标签的 NAME 属性指定，或由 OBJECT 标签的 ID 属性指定。如果为 Flash Player 影片分配名称"myMovie"，则调用的 JavaScript 函数为 myMovie_DoFScommand。

（3）fscommand 动作可将消息发送给 Macromedia Director，Lingo 将消息解释为字符串、事件或可执行的 Lingo 代码。如果该消息为字符串或事件，则必须编写 Lingo 代码以便从fscommand 动作接收该消息，并在 Director 中执行动作。

（4）在 Visual Basic、Visual C++ 和可承载 ActiveX 控件的其他程序中，fscommand 利用其所在环境的编程语言中处理的两个字符串发送 VB 事件。

使用 fscommand 语句时，可以直接在【动作】面板的【独立播放器命令】下拉列表中选择需要用的语句，其中各条语句含义如表 11-1 所示。

表 11-1　fscommand 语句命令和参数说明表

命　令	参　数	作　用
quit	无	关闭动画，退出 FLASH 的播放器
fullscreen	True/False	控制 FLASH 的播放器是否进行全屏播放
allowscale	True/False	控制 FLASH 动画是否随着 FLASH 播放器的变化而按比例变化
showmenu	True/False	当参数为 True 时，启用整个上下文菜单项集合。当参数为 False 时，使得除 "关于 Flash Player" 外的所有上下文菜单项变暗
exec	应用程序的路径	在播放器中打开一个应用程序
trapallkeys	true/false	指定 true，则将所有按键事件（包括快捷键事件）发送到 Flash Player 中的 onClipEvent (keyDown/keyUp)处理函数

示例：

```
on(release){
fscommand("fullscreen", true);
}
```

说明：在上面的示例中，用 fscommand 动作设置 Flash Player，以便在释放按钮时，将影片放大到整个显示器屏幕大小。

示例

```
function myMovie_DoFSCommand(command, args) {
if (command == "messagebox") {
alert(args);
}
}
```

说明：在上面的示例中，使用影片中按钮的 fscommand 动作语句，打开 HTML 页中的 JavaScript 消息框。消息本身作为 fscommand 语句的参数发送到 JavaScript。

必须将一个函数添加到包含 Flash 影片的 HTML 页。此函数 myMovie_DoFSCommand 位于 HTML 页中，等待 Flash 中的 fscommand 动作。当在 Flash 中触发 fscommand 后（如当用户按下按钮时），"命令" 和 "参数" 的字符串被传递到 myMovie_DoFSCommand 函数。可以在 JavaScript 或 VBScript 代码中以任何方式使用所传递的字符串。在此示例中，该函数包含一个 if 条件语句，该语句检查命令字符串是否为 messagebox。如果是，则 JavaScript 警告框（或 "messagebox"）打开并显示 "参数" 字符串的内容。

在 Flash 文档中，需将 fscommand 动作添加到按钮中：

```
fscommand("messagebox", "my school");
```

也可以为 fscommand 动作和参数使用表达式，如下所示。

```
fscommand("messagebox", "Hello, " + name + ", welcome to our school");
```

若要测试影片，可以执行【文件】→【发布预览】→【HTML】命令。

如果在 HTML "发布设置" 中使用具有 fscommand 模板的 Flash 发布影片，则自动插入 myMovie_DoFSCommand 函数。该影片的 NAME 和 ID 属性将是其文件名。例如，对于文件 myMovie.fla，该属性将设置为 myMovie。

2. getURL 语句（使浏览器浏览指定的页面）

getURL 语句将来自特定 URL 的文档加载到 Web 浏览器窗口中，或将变量传递到位于所定义 URL 的另一个应用程序。若要测试此动作，请确保要加载的文件位于指定的位置。若要使用绝对 URL（如 http://www.niit.edu.cn），则需要网络连接。

书写格式为：

```
getURL("URL", "窗口", "变量");
```

语句中可从 URL 处获取文档的 URL。"窗口" 是一个可选参数，指定文档应加载到其中的窗口或 HTML 框架。用户可输入特定窗口的名称，或从下面的保留目标名称中选择。

- _self：指定当前窗口中的当前框架。
- _blank：指定一个新窗口。
- _parent：指定当前框架的父级。
- _top：指定当前窗口中的顶级框架。

"变量" 用于选择发送变量的方法，有 GET 或 POST 两种方法。如果没有变量，则省略此参数。GET 方法将变量追加到 URL 的末尾，该方法用于发送少量变量。POST 方法在单独的 HTTP 标头中发送变量，用于发送长的变量字符串。

示例如下：

```
On(release) {
getURL(incomingAd,"_blank");
}
```

说明：将一个新 URL 加载到空浏览器窗口中。getURL 动作将变量 incomingAd 作为 URL 参数的目标，这样用户无需编辑 Flash 影片即可更改加载的 URL。在这之前，在影片中使用 loadVariables 动作将 incomingAd 变量的值传递到 Flash 中。

3. loadMovie/unloadMovie 语句（加载影片剪辑/卸载影片剪辑）

（1）loadMovie 语句

书写格式为：

```
loadMovie: loadMovie("URL",级别/"目标"[, 变量]);
```

参数及使用说明如下。

URL 指定要加载的 SWF 文件或 JPEG 文件的绝对或相对 URL。相对路径必须相对于级别 0 处的 SWF 文件。该 URL 必须与影片当前驻留的 URL 在同一子域。为了在 Flash Player 中使用 SWF 文件或在 Flash 创作应用程序的测试模式下测试 SWF 文件，必须将所有的 SWF 文件存储在同一文件夹中，而且其文件名不能包含文件夹或磁盘驱动器的说明。

"目标" 是指向目标影片剪辑的路径。目标影片剪辑将替换为加载的影片或图像。只能指定 "目标" 影片剪辑或目标影片的 "级别" 这两者之一，而不能同时指定两者。

　　"级别"是一个整数，指定 Flash Player 中影片将被加载到的级别。在将影片或图像加载到级别时，标准模式下【动作】面板中的 loadMovie 动作将切换为 loadMovieNum；在专家模式下，用户必须指定 loadMovieNum 或从【动作】工具箱中选择它。

　　"变量"是一个可选参数，指定发送变量所使用的 HTTP 方法。该参数须是字符串 GET 或 POST。如没有要发送的变量，则省略此参数。GET 方法将变量追加到 URL 的末尾，该方法用于发送少量变量。POST 方法在单独的 HTTP 标头中发送变量，该方法用于发送长的变量字符串。

　　　✎　在浏览器内嵌的 Flash 播放器内使用 loadMovie 语句装载动画时，会受到浏览器的安全限制，所以只能装载同一服务器上的 SWF 文件。

　　（2）unloadMovie 语句

　　书写格式为：

```
unloadMovie: unloadMovie[Num](级别/"目标");
```

　　参数及使用说明如下。

　　"级别"是指加载影片的级别。从一个级别卸载影片时，在标准模式下，【动作】面板中的 unloadMovie 动作自动切换为 unloadMovieNum；在专家模式下，必须指定 unloadMovieNum，或者从【动作】工具箱中选择它。

　　下面举例说明 loadMovie 语句和 unloadMovie 语句具体使用方法。

　　在舞台上有一个实例名称为 dropZone 的不可见影片剪辑。loadMovie 动作使用此影片剪辑作为目标参数将".swf"文件形式的产品加载到舞台上的正确位置。

　　"loadMovie"语句示例：

```
on(release) {
loadMovie("products.swf",_root.dropZone);
}
```

　　从目录中加载一个 JPEG 图像，该目录与调用 loadMovie 动作的 SWF 文件的目录相同：

```
loadMovie("image.jpeg", "ourMovieClip");
```

　　unloadMovie 语句示例：

```
on (press) {
unloadMovie ("_root.draggable");
loadMovieNum ("movie.swf", 4);
}
```

　　卸载主时间轴上的影片剪辑"draggable"，并将影片"movie.swf"加载到级别 4 中。

　　下面的示例卸载已经加载到级别 4 中的影片：

```
on (press) {
unloadMovieNum (4);
}
```

4. loadVariables 语句（加载外部文件中的变量值）

使用 loadVariables 语句，可以让 Flash 从外部装载指定数据文件中的数据，并将数据以变量的方式存储到指定的影片剪辑对象中。参数 URL 指定要装载数据文件的 URL 地址，参数"目标"指定存放数据的影片剪辑名称。参数"变量"决定在装载数据文件时发送变量数据的模式，设定为 GET，表示使用 GET 方式发送变量数据，设定为 POST，表示使用 POST 方式发送变量数据，省略该参数则表示不发送变量数据。和 loadMovie 语句一样，在浏览器内嵌的 Flash 播放器内使用 loadVariables 语句装载数据文件时，只能装载同一服务器上的数据文件。

书写格式为：

```
loadVariables ("URL",级别/"目标"[,变量])
```

具体使用示例如下所示。

```
on(release){
loadVariables("data.txt", "_root.varTarget");
}
```

说明：在示例中将来自文本文件的信息加载到影片主场景上 varTarget 影片剪辑的文本字段中。文本字段的变量名必须与"data.txt"文件中的变量名相匹配。

11.1.3 条件/循环语句

该部分 Action 是 Flash CS4 脚本中如何操作影片逻辑的脚本集合，也就是 Flash CS4 中实现选择结构和循环结构所要用到的语句。在选择结构中，动作脚本中的条件语句有"if"和"switch"两种，在循环结构中有"for"、"do…while"、"while"等语句。

1. if 语句

if 语句是 ActionScript 中用来处理根据条件有选择地执行程序代码的语句。当 Flash 程序执行到 if 语句时，先判断参数"条件"中逻辑表达式的计算结果。如果结果为 true，则执行当前 if 语句内的程序代码。如果结果为 false，则查看当前 if 语句中是否有 else 或 else if 子句。如果有，则继续进行判断，如果没有，则跳过当前 if 语句内的所有程序代码，继续执行下面的程序。

书写的格式：

```
if(条件) {
statement(s);
}
```

"条件"是计算结果为 true 或 false 的表达式。

statement(s) 是当"条件"的结果为 true 时要执行的指令。

具体使用示例如下所示。

```
if (getTimer()<timePressed+300) {
        xNewLoc = this._x;
        yNewLoc = this._y;
```

```
xTravel = xNewLoc-xLoc;
yTravel = yNewLoc-yLoc;
xInc = xTravel/2;
yInc = yTravel/2;
timePressed = 0;
}
```

说明：示例中使用 if 语句计算何时释放影片中的可拖动对象。如果对象在拖动后 300 毫秒之内被释放，则条件的计算结果为 true，并运行大括号内的语句。这些语句设置变量存储对象的新位置、拖放对象的难易程度和拖放对象时的速度，timePressed 变量也将被重置。如果对象在拖动后超过 300 毫秒之后被释放，则条件的计算结果为 false，并且不运行任何语句。

2. switch 语句

书写格式：

```
switch (expression){
case Clause:
[default Clause:]
}
```

使用 switch 语句时，可以根据输入的参数，动态地选择要执行的程序代码块。参数 expression 指定要送入的选择数据，该数据将和 case 子句的数据相比较，以确定要执行哪个程序代码块。参数 case Clause 由多组 case 子句构成，每个 case 子句后都跟有对应的选择数据，并由 break 语句终结一个 case 代码块。参数 default Clause 由 default 语句指定默认选择执行的代码块，当外部输入的选择执行数据不和任何一个 case 选择数据相等时，就执行该部分的程序代码。

具体使用示例如下所示。

```
switch (number) {
    case 1:
        trace ("case 1 tested true");
        break;
    case 2:
        trace ("case 2 tested true");
        break;
    default:
    trace ("no case tested true");
}
```

说明：示例中，如果 number 参数的计算结果为 1，则执行 case 1 后面的 trace 动作，如果 number 参数的计算结果为 2，则执行 case 2 后面的 trace 动作；如果 case 表达式都不匹配 number 参数，则执行 default 关键字后面的 trace 动作。

在下面的示例中，第一个 case 组中没有 break，因此如果 number 为 1，则 A 和 B 都被发送到输出窗口：

```
switch (number) {
```

```
case 1:
    trace ("A");
case 2:
    trace ("B");
    break;
default
    trace ("D");
}
```

3. do…while 语句

do…while 语句，也是一个 ActionScript 脚本中控制程序运行的语句，使用它可以实现程序按条件循环的执行效果。在具体的代码执行过程中，每当看到 while 语句时，计算并判断参数"条件"中的逻辑表达式结果，如果结果为 true 就继续执行该循环体（statements）中的程序代码，直至计算结果为 false 时跳出当前循环体继续执行后面的语句。

书写格式：

```
do {
statement(s);
} while (条件)
```

说明：　"条件"为要计算的条件。statement(s)是只要"条件"参数计算结果为 true 就会执行的语句。

4. while 语句

使用 while 语句可以构建程序按条件循环执行效果。在具体代码执行过程中每当看到 while 语句时，就计算并判断参数"条件"中的逻辑表达式结果，如果结果为 true 就继续执行该循环体，直至计算结果为 false 时跳出当前循环体继续执行后面的语句。

书写格式：

```
while(条件) {
statement(s);
}
```

"条件"是每次执行 while 动作时都要重新计算的表达式。如果该语句的计算结果为 true，则运行 statement(s)。

例如，在舞台上复制五个影片剪辑，每个影片剪辑具有随机生成的位置，即不同的"xscale"、"yscale"及"_alpha"属性值，以达到分散的效果。变量 foo 初始化值为 0。设置"条件"参数使 while 循环运行五次，即只要变量 foo 的值小于 5 就运行。在 while 循环中，复制影片剪辑，并使用 setProperty 调整所复制影片剪辑的各种属性。循环的最后一条语句递增 foo 的值，以便当该值达到 5 时，"条件"参数计算结果为 false，从而不再执行该循环。

具体脚本程序如下所示：

```
on(release) {
    foo = 0;
    while(foo < 5) {
```

```
duplicateMovieClip("_root.flower", "mc" + foo, foo);
setProperty("mc" + foo, _x, random(275));
setProperty("mc" + foo, _y, random(275));
setProperty("mc" + foo, _alpha, random(275));
setProperty("mc" + foo, _xscale, random(200));
setProperty("mc" + foo, _yscale, random(200));
foo++;
}}
```

5. for 语句

使用 for 语句，可以让指定程序代码块执行一定次数的循环。在一个 for 循环的开始 Flash 会先查看参数"初始值"中定义的循环计数器的初始值，再查看参数"条件"中定义的判断条件是否满足。如果条件满足，就执行 for 语句循环体中程序代码，同时执行参数"下一步"中的循环计数器操作语句增加或减少循环计数器内的值。在参数"条件"中定义的判断条件成立的情况下，for 语句会一遍又一遍的执行循环体内的程序代码，直到条件不成立时，才执行 for 循环后面的语句。

书写方式：

```
for(初始值; 条件; 下一步) {
statement(s);
}
```

"初始值"是一个在开始循环前要计算的表达式，通常为赋值表达式。此参数还允许使用 var 语句。

"条件"是计算结果为 true 或 false 的表达式。在每次循环前计算该条件，当条件的计算结果为 false 时退出循环。

"下一步"是一个在每次循环执行后要计算的表达式，通常为使用++（递增）或--（递减）运算符的赋值表达式。

statement(s)是在循环体内要执行的语句。

例如，下例使用 for 在数组中添加元素：

```
for(i=0; i<5; i++) {
array [i] = (i + 1)*5;
trace(array[i]);
}
```

在输出窗口中显示下列结果：

```
5
10
15
20
25
```

下面是使用 for 重复执行同一动作的示例，通过 for 循环将数字 1 到 100 进行相加。

```
var sum = 0;
```

```
for (var i=1; i<=100; i++) {
    sum = sum + i;
}
```

11.1.4　影片剪辑控制

影片剪辑控制是 Flash CS4 针对影片片断进行操作的动作集合。在 Flash CS4 中经常用到的影片剪辑控制有以下几种。

1．duplicateMovieClip 复制电影剪辑

书写格式：

duplicateMovieClip(实例名，新实例名，新实例深度)

"实例名"是要复制的影片剪辑的目标路径。

"新实例名"是复制的影片剪辑的唯一标识符。

"新实例深度"是复制的影片剪辑的唯一深度级别。深度级别是复制影片剪辑的堆叠顺序。这种堆叠顺序很像时间轴中图层的堆叠顺序，较低深度级别的影片剪辑隐藏在较高堆叠顺序的剪辑之下。所以必须为每个新复制的影片剪辑分配一个唯一的深度级别，这样才能保证复制的影片按照一定的顺序播放。

通过 duplicateMovieClip 复制影片剪辑，是影片正在播放时，创建一个新的影片剪辑实例。无论播放头在原始影片剪辑（或"父级"）中处于什么位置，复制的影片剪辑的播放头始终从第 1 帧开始。父级影片剪辑中的变量不复制到复制的影片剪辑中。如果删除父级影片剪辑，则复制的影片剪辑也被删除。使用 removeMovieClip 动作或方法可以删除由 duplicateMovieClip 创建的影片剪辑实例。

2．onClipEvent（电影剪辑的触发事件）

书写格式：

```
onClipEvent(事件){
statement(s);
    }
```

当"事件"发生时，执行该事件后面大括号中的语句。通常在 ActionScript 中，有下面一些"事件"可被触发。

- ⊃ load：影片剪辑一旦被实例化并被加载时，即启动此动作。
- ⊃ unload：在从播放时间轴中删除影片剪辑之后，此动作在第一帧中启动。处理与 unload 影片剪辑事件关联的动作之前，不向受影响的帧附加任何动作。
- ⊃ enterFrame：以影片帧频不断地触发此动作。首先处理与 enterFrame 剪辑事件关联的动作，然后再处理附加到受影响帧中的所有帧动作脚本。
- ⊃ mouseMove：每次移动鼠标时启动此动作。还可以用"_xmouse"和"_ymouse"属性来确定当前鼠标位置。
- ⊃ mouseDown：当按下鼠标左键时启动此动作。
- ⊃ mouseUp：当释放鼠标左键时启动此动作。
- ⊃ keyDown：当按下某个键时启动此动作。使用 Key.getCode 方法获取最近按键的有关

信息。

➲ keyUp：当释放某个键时启动此动作。使用 Key.getCode 方法获取最近按键的有关
信息。

➲ data：当在 loadVariables 或 loadMovie 动作中接收数据时启动此动作。当与 loadVariables
动作一起指定时，即加载最后一个变量时，data 事件只发生一次。当与 loadMovie 动
作一起指定时，即获取数据的每一部分时，data 事件都重复发生。

statement(s)为触发"事件"后要执行的命令。

示例如下：

```
onClipEvent(mouseMove) {
varX=_root.xmouse;
varY=_root.ymouse;
}
```

说明：上例中将 onClipEvent 与 mouseMove 影片事件一起使用。_xmouse 和 _ymouse 属
性跟踪当前鼠标所在位置。

3. updateAfterEvent（更新后面的事件）

书写格式如下：

```
updateAfterEvent();
```

使用 pdateAfterEvent 语句，可以让 Flash 强制进行刷新显示，该语句不依赖于时间帧的触发。

4. removeMovieClip（删除电影剪辑）

书写格式如下：

```
removeMovieClip(目标);
```

removeMovieClip 用来删除"目标"对象。

其中"目标"主要包括用 MovieClip 对象的 attachMovie 或 duplicateMovieClip 方法创建
的，或者用 duplicateMovieClip 动作创建的影片剪辑实例。

5. setProperty（设定属性）

书写格式如下：

```
setProperty("目标",属性,参数 / 表达式);
```

setProperty 的作用是当影片播放时，更改影片剪辑的属性值。

"目标"指定到要设置其属性的影片剪辑实例名称的路径。

"属性"指定要设置的属性。

"参数"指定属性的新文本值。

"表达式"其计算结果为属性新值。

6. startDrag" / "stopDrag（开始拖动/停止拖动）

书写格式如下：

```
startDrag(target,[lock ,left ,top ,right,bottom]);
```

```
stopDrag();
```

startDrag 是使"目标"影片剪辑在影片播放过程中可拖动，而一次只能拖动一个影片剪辑。执行 startDrag 动作后，影片剪辑将保持可拖动状态，直到被 stopDrag 动作明确停止为止，或者直到被其他影片剪辑调用 startDrag 动作为止。而 stopDrag()是停止当前的拖动操作。

各参数说明如下。

"target"是要拖动的影片剪辑的目标路径。

"lock"是一个布尔值，若为 true，则锁定所拖动影片剪辑到鼠标中央位置；若为 false，则锁定到用户首次单击该影片剪辑的位置上。此参数是可选的。

left、top、right 和 bottom 均为相对于影片剪辑父级坐标的值，这些坐标指定该影片剪辑的约束矩形。这些参数是可选的。

11.2　Flash CS4 *函数*

Flash 的函数是在表达式中使用的可以传送参数并能返回值的可重用代码块。例如 getProperty 函数传送属性名和电影剪辑实例名，然后返回这些属性的值；getVersion 函数则返回当前正在播放动画的 Flash 播放器的版本。

Flash CS4 中将函数分为以下三类。

11.2.1　常用函数

1．escape（去除 URL 中的非法字符）

书写格式如下：

```
escape(表达式);
```

escape 语句是一个转换函数，使用 escape 语句可以将指定的 URL 地址转换为适合 URL 协议传输的字符串，参数"表达式"指定要转换的 URL 地址。返回的字符串值，表示转换后的结果。在使用 URL 地址传递中文参数时可能会用到这个转换函数。

2．eval（返回由表达式命名的变量的值）

书写格式如下：

```
eval(表达式) ;
```

使用 eval 函数，可以对指定表达式进行求值计算。参数"表达式"指定要进行计算求值的表达式。该语句与其他求值语句不同的是，在多数情况下 eval 语句有优先计算权，也就是说，在包含 eval 的语句执行前会先执行 eval 进行求值，再执行包含它的语句。

3．getProperty（获取属性）

书写格式如下：

```
getProperty(实例名 ,属性);
```

使用 getProperty 函数，可以获取指定对象属性中的数据信息。这条语句是在 Flash 4 中获取对象属性的语句，在 Flash 5 以后的版本中，对象的属性可以像获取变量信息一样的获取对

象属性中的数据信息。参数"实例名"指定要获取属性数据的对象名。参数"属性"指定要
获取对象属性的名称，返回的数据信息，表示获取到的属性数据。

4．getTimer（获取从电影开始播放到现在的总播放时间(毫秒数)）

书写格式如下：

```
getTimer();
```

使用 getTimer 函数，可以获取当前 Flash 动画已经播放了多少毫秒的数据信息。返回的
数字信息，表示经过的毫秒总数。

5．getVersion（获取浏览器的 FlashPlayer 的版本号）

书写格式如下：

```
getVersion();
```

使用 getVersion 函数，可以获取当前 Flash 播放器的版本号。返回的字符串信息用
（WIN 6,0,14,0）格式，返回版本信息。

6．targetPath（返回指定实例电影剪辑的路径字符串）

书写格式如下：

```
targetpath(影片剪辑对象);
```

使用 targetpath 函数，可以获取指定影片剪辑对象的完整引用路径。参数"影片剪辑对象"
是对要获取路径的影片剪辑对象的引用。返回的字符串值，是一个用点语法描述的影片剪辑
对象的完整引用路径。

7．unescape（保留字符串中的%XX 格式的十六进制 ASCII 码，XX 表示用十六进制
ASCII 码表示的特殊字符）

书写格式如下：

```
unescape(表达式);
```

unescape 语句是一个转换函数，使用 unescape 语句可以将经过编码的 URL 字符串转换为
非编码的普通 URL 地址字符串。参数"表达式"指定要转换的经过编码的 URL 字符串。返
回的字符串值，表示转换后的结果。

11.2.2　数学函数

1．isFinite（测试数值是否为有限数）

书写格式如下：

```
isFinite(表达式);
```

使用 isFinite 函数，可以检测参数"表达式"中算术表达式的计算结果是否是一个有限数。
如果是则返回 true，如果不是则返回 false。

2．isNaN（测试是否为数值）

书写格式如下：

```
isNaN(表达式);
```

使用 isNaN 函数，可以检测参数表达式中算术表达式的计算结果是否是一个数字值。如果不是数字则返回 true，如果是数字则返回 false。

3．parseFloat（将字符串转换成浮点数）

书写格式如下：

```
parseFloat(字符串);
```

parseFloat 语句是一个转换函数，使用 parseFloat 语句可以解析指定字符串中表示的浮点型数字值。参数"字符串"指定要解析成浮点型数字值的字符串。返回的数字值，表示转换后的结果。如果返回 NaN，则表示要解析的字符串值不能被合理的解析为浮点型数字。

4．parseInt（将字符串转换成整数）

书写格式如下：

```
parseInt(表达式，基数);
```

parseInt 语句是一个转换函数，使用 parseInt 语句可以解析指定字符串中表示的整形数字值。参数"表达式"是指定要解析成整型数字值的字符串。参数"基数"指定解析时使用的数字进制标准。返回的数字值，表示转换后的结果。如果返回 NaN，则表示要解析的字符串值不能被合理的解析为整型数字。

11.2.3 转换函数

1．Array（根据参数构造数组）

Array 对象就是一组数据的集合，也就是数组。可以把一些常用的数据或者需要进行处理的数据存放到一个数组当中。使用数组的原因是为了简化代码、方便数据管理。

2．Boolean（将参数转换为布尔类型）

书写格式如下：

```
Boolean(表达式);
```

使用 Boolean 语句，可以对指定数据表达式进行运算求值，并把结果强制转换为逻辑值。参数"表达式"表示要转换的数据表达式。返回的逻辑值，表示获取强制转换为逻辑值后的数据表达式结果。该语句经常用在对某些变量进行逻辑求值时使用。

3．Number（将参数转换为数字类型）

书写格式如下：

```
Number(表达式);
```

使用 Number 语句，可以对指定数据表达式进行运算求值，并把结果强制转换为数字值。参数"表达式"指定要转换的数据表达式。如果参数"表达式"是一个字符串值，则返回经过分析后的数字结果；如果该字符串不能被转换为数字，则返回 NaN。如果参数"表达式"是一个逻辑值，当逻辑值为 true 时返回 1，为 false 时返回 0；如果参数"表达式"是未定义（undefined）值，则返回 0。

4．Object（将参数转换为相应的对象类型）

Object 对象是 Flash 提供的自定义数据对象。自定义数据对象，就是将各种类型的数据，以属性的方式存储在一个 Object 对象中。用户可以通过访问对象属性的方式，访问存放在对象里的数据。在 Flash 中有很多对象方法，需要使用自定义数据对象来提供参数。

5. String（将参数转换为字符串类型）

书写格式如下：

```
String(表达式);
```

使用 String 函数，可以将指定数据表达式的计算结果转换为字符串值。参数"表达式"指定要转换的数据表达式。返回的字符串值，表示数据转换后的字符串值。

11.3 ActionScript 核心类与包

在 ActionScript 3.0 中，每个类对象都是由类定义的。可将类视为某一类对象的模板或蓝图。类定义中可以包括变量和常量及方法，前者用于保存数据值，后者是封装绑定到类的行为的函数。存储在属性中的值可以是"基元值"，也可以是其他对象。基元值是指数字、字符串或布尔值。

ActionScript 中包含许多属于核心语言的内置类。其中的某些内置类（如 Number，Boolean 和 String）表示 ActionScript 中可用的基元值。其他类（如 Array，Math 和 XML）定义属于 ECMAScript 标准的更复杂对象。所有的类（无论是内置类还是用户定义的类）都是从 Object 类派生的。Object 数据类型不是默认的数据类型，尽管其他所有类仍从它派生。在 ActionScript 2.0 中，下面的两行代码等效，因为缺乏类型注释意味着变量为 Object 类型。

```
var someoneObj:Object;
var someoneObj;
```

在 ActionScript 3.0 中还引入了无类型变量，这一类变量可以通过以下两种方法来指定。

```
var someoneObj:*;
var someoneObj;
```

无类型变量与 Object 类型变量不同，二者的主要区别在于无类型变量可以保存特殊值 undefined，而 Object 类型的变量则不能保存该值。用户可以使用 class 关键字来定义自己的类。

在方法声明中，可通过以下三种方法来声明类属性：用 const 关键字定义常量；用 var 关键字定义变量；用 get 和 set 属性（attribute）定义 getter 和 setter 属性（property）。可以用 function 关键字来声明方法，可使用 new 运算符来创建类的实例。下面的示例是创建 Date 类的一个名为 birthday 的实例。

```
var birthday :Date = new Date();
```

11.3.1 创建类

创建在项目中使用的类的过程可能令人望而生畏，但是此过程中更难的部分是设计类，即确定类中将包含的方法、属性和事件。

1. 类设计策略

面向对象的设计较为复杂，下面再给出几条建议以帮助用户着手进行面向对象的编程。

（1）通常该类的实例在应用程序中担任以下三种角色之一。

- ⮑ 值对象：这些对象主要用作数据的容器。也就是说，它们可能拥有若干个属性和很少的几个方法（有时没有方法）。例如音乐播放器应用程序中的 Song 类（表示单个的实际歌曲）或 Playlist 类（表示概念上的一组歌曲）。

- ⮑ 显示对象：它们是实际显示在屏幕上的对象。例如，用户界面元素（如下拉列表或状态显示）和图形元素（如视频游戏中的角色）等就是显示对象。

- ⮑ 应用程序结构：这些对象在应用程序执行的逻辑或处理方面扮演着广泛的支持角色。例如，在仿生学中执行某些计算的对象；在音乐播放器应用程序中负责刻度盘控件与音量显示之间的值同步的对象；管理视频游戏中的规则的对象；或在绘画应用程序中加载保存的图片的对象。

（2）确定类所需的特定功能。不同类型的功能通常会成为类的方法。

（3）如果打算将类用作值对象，请确定实例将要包含的数据。这些项是很好的候选属性。

（4）如果有一个现有的对象与用户需要的对象类似，只是缺少某些需要添加的额外功能，应考虑创建一个子类。例如，创建一个作为屏幕上的可视对象的类，可将一个现有显示对象（如 MovieClip 或 Sprite）的行为用作该类的基础。这种情况下，MovieClip（或 Sprite）是"基类"，而用户的类是该类的扩展。

2. 编写类的代码

一旦制订了类的设计计划，或至少对该类需要跟踪哪些信息，以及该类需要执行哪些动作有了一定的了解后，编写类的实际语法就变得非常简单了。下面是创建自己的 ActionScript 类的最基本的步骤。

（1）在特定于 ActionScript 的程序或可用来处理纯文本文档的任何程序中打开一个新的文本文档。

（2）输入 class 语句定义类的名称。例如，输入单词 public class ，然后输入类名，后跟一个左大括号和一个右大括号，两个括号之间是类的内容（方法和属性定义）。例如：

```
public class Myclass
{
}
```

单词 public 表示可以从任何其他代码中访问该类。

（3）输入 package 语句以指示包含该类的包的名称。语法是单词 package，后跟完整的包名称，再跟左大括号和右大括号（括号之间是 class 语句块）。例如，将上步的代码改为：

```
package Mypackage
{ Public class Myclass
  {
  }
}
```

（4）使用 var 语句，在类体内定义该类中的每个属性，语法与用于声明任何变量的语法相同（并增加了 public 修饰符）。例如，在类定义的左大括号与右大括号之间添加下列行创建名为 textVariable，numericberVariable 和 dateVariable 属性。

```
package Mypackage
{ Public class Myclass
    {   Public var textVariable:String="some default value";
        Public var numericVariable:Number=8;
        Public var dateVariable:Date;

    }

}
```

（5）使用与函数定义所用的相同语法来定义类中的每个方法。

创建 myMethod()方法，输入如下代码：

```
public function myMethod(paraml:String,param1:Number):void
{
     //使用参数执行某个操作
}
```

要创建一个构造函数（在创建类实例的过程中调用的特殊方法），应创建一个名称与类名称完全匹配的方法：

```
public function MyClass()
{
  //为属性设置初始值，否则创建该类对象
 textVariable="Hello here";
 dateVariable=new Date(2011,7,10);
 }
```

如果没有在类中包括构造函数方法，编译器将自动在类中创建一个空构造函数。

11.3.2　使用包

使用包可以通过有利于共享代码并尽可能减少命名冲突的方式将多个类定义捆绑在一起。

在 ActionScript 3.0 中，包是用命名空间实现的，但包和命名空间并不同义。在声明包时，可以隐式创建一个特殊类型的命名空间并保证它编译时是已知的。显示创建的命名空间在编译时不必是已知的。下面的示例使用 package 指令来创建一个包含单个类的简单包。

```
package samples
{
    Public class SampleCode
    {
    Public var sampleGreeting:String;
    Public function sampleFunction()
    {
        Trace(sampleGreeting+"from sampleFunction()");
    }
    }
}
```

在本例中，该类的名称是 SampleCode。由于该类位于 samples 包中，因此编译时会自动将其类名称限定为完全限定名称：samples. SampleCode。编译器还限定任何属性或方法的名称，以便 sampleGreeting 和 sampleFunction()分别变成 samples. SampleCode. sampleGreeting 和 samples. SampleCode. sampleFunction()。

　　许多开发人员（尤其是那些具有 Java 编程背景的人）可能会选择只将类放在包的顶级。但是，ActionScript 3.0 不但支持将类放在包的顶级，而且还支持将变量、函数甚至语句放在包的顶级。此功能的一个高级用法是，在包的顶级定义一个命名空间，以便它对于该包中的所有类均可用。但是，请注意，在包的顶级只允许使用两个访问说明符：public 和 internal。Java 允许将嵌套类声明为私有，而 ActionScript 3.0 则不同，它即不支持嵌套类也不支持私有类。

　　但是，在其他许多方面，ActionScript 3.0 中的包与 Java 编程语言中的包非常相似。从上一个示例可看出，完全限定的包引用点运算符（.）来表示，这与 Java 相同，可以用包将代码组织成直观的分层结构，以供其他程序员使用。这样就可以将自己所创建的包与他人共享，还可以在自己的代码中使用他人创建的包，从而推动了代码共享。

　　使用包还有助于确保所使用的标识符名称是唯一的，而且不与其他标识符名称冲突。事实上，有些人认为这才是包的主要优点。例如，两个希望相互共享代码的程序员各创建了一个名为 SampleCode 的类，如果没有包就会造成名称冲突，唯一的解决方法就是重命名其中的一个类。但是，使用包，就可以将其中的一个类放在具有唯一名称的包中，从而轻松地避免了名称冲突。

　　用户还可以在包名称中嵌入点来创建嵌套包，这样就可以创建包的分层结构。Flash Player API 提供的 flash.xml 包就是一个很好的示例。flash.xml 包嵌套在 Flash 包中。

　　flash.xml 包中包含早期的 ActionScript 版本中使用的旧 XML 分析器。该分析器现在之所以包含在 flash.xml 包中，原因之一是，旧 XML 类的名称与一个新 XML 类的名称冲突，这个新 XML 类实现 ActionScript 3.0 中的 XML for ECMAScript(E4X)规范功能。尽管首先将旧的 XML 类移入包中是一个不错的主意，但是旧 XML 类的大多数用户都会导入 flash.xml 包，这样，除非用户总是记得使用旧 XML 类的完全限定名称（flash.xml.XML），否则同样会造成名称冲突。为避免这种情况，现在已将旧 XML 类命名为 XMLDocument。大多数 Flash Player API 都划分到 Flash 包中。

1. 创建包

　　ActionScript 3.0 在包和源文件的组织方式上具有很大的灵活性。早期的 ActionScript 版本只允许每个源文件有一个类，而且要求源文件的名称与类名称匹配。ActionScript 3.0 允许在一个源文件中包括多个类，但是，每个文件中只有一个类可供该文件外部的代码使用。换言之，每个文件中只有一个类可以在包声明中进行声明。必须在包定义的外部声明其他任何类，以使这些类对于该源文件外部的代码不可见，在包定义内部声明的类的名称必须与源文件的名称匹配。

　　ActionScript 3.0 在包的声明方式上也具有更大的灵活性。在早期的 ActionScript 版本中，包只是表示可用来存放源文件的目录，用户不必用 package 语句来声明包，而是在类声明中将包名称包括在完全限定的类名称中。在 ActionScript 3.0 中，使用 package 语句来声明包，意味着还可以在包的顶级声明变量、函数和命名空间，甚至还可以在包的顶级包括可执行语句。如果在包的顶级声明变量、函数和命名空间，则在顶级只能使用 public 和 internal 属性，并且每个文件中只能有一个包级声明使用 public 属性。

2. 导入包

如果希望使用位于某个包内部的特定类，则必须导入该包或该类。这与 ActionScript 2.0 版本不同，在 ActionScript 2.0 中，类导入是可选的，以 SampleCode 类示例为例，如果该类位于名为 samples 的包中，那么使用 SampleCode 类之前，用户必须使用下列导入语句之一。

```
Import samples.*;
```

或

```
Import samples. SampleCode;
```

通常，import 语句越具体越好。如果只打算使用 samlpes 包中的 SampleCode 类，则应只导入 SampleCode 类，而不应导入该类所属的整个包。导入整个包可能会导致意外的名称冲突。还必须将定义包或类的源代码放在类路径内部。类路径是用户定义的本地目录路径列表，它决定了编译器将在何处搜索导入的包和类。类路径有时称为"生成路径"或"源路径"。

创建包时，该包的所有成员的默认访问说明符是 internal，这意味着默认情况下，包成员仅对其所在包的其他成员可见。如果希望某个类对包外部的代码可用，则必须将该类声明为 public。

11.4 课堂实例演示—制作 Flash 个人网站

这是一个使用 Flash 制作的小型网站，单击不同的栏目可以进入到相应的栏目内容中，单击每个栏目的返回按钮即可返回到主栏目中，如图 11-2 所示。

图 11-2　Flash 个人网站首页

在 Flash 中实现内部的栏目跳转，实际上可以理解为帧的跳转，通过 goto 函数的应用可以轻松实现。具体制作过程如下。

（1）新建一个 Flash 文档（ActionScript 2.0），设置背景颜色为"粉色"，舞台的尺寸为 700 像素×400 像素。

（2）执行【文件】→【导入】→【导入到库】（或按快捷键 Ctrl+R）命令，将所需图片素材导入到库中，以便后面操作所需。

（3）制作 4 个按钮元件。这 4 个按钮元件的名称分别为"风景 1"、"风景 2"、"风景 3"

和"返回"。制作过程前面章节已讲过，此处不再详细讲解。

（4）按钮制作完成后，返回到主场景中，新建一个图层，命名为"按钮"。

（5）在所有图层的上方再新建一个图层，命名为"栏目"。

（6）将图层 1 命名为"背景"。选择背景图层的第 1 帧，将【库】面板中的图片文件"背景.jpg"拖到舞台中，然后将其转换为元件，并命名为"背景图片"，以方便后面制作背景图片消失的效果。在第 2 帧插入关键帧，在舞台上选中"背景图片"元件，在其【属性】面板中设置 Alpha 属性值为 0%。将"风景 1"、"风景 2"、和"风景 3"三个按钮元件拖到舞台中，选择"文本工具"，创建文本"这里风景独好！"，图片、按钮和文本的摆放位置如图 11-2 所示。

（7）选择栏目图层的第 1 帧，右击，在弹出的快捷菜单中选择【动作】命令，在【动作一帧】面板的编辑区中输入语句：

```
stop();
```

（8）在栏目图层的第 2 帧，按 F7 键，插入空白关键帧，将【库】面板的中"风景 1-1.jpg"和"风景 1-2.jpg"两个图片素材和"返回"按钮元件拖到舞台中，图片和按钮的放置位置如图 11-3 所示。

（9）在栏目图层的第 3 帧，按 F7 键，插入空白关键帧，将【库】面板的中"风景 2-1.jpg"、"风景 2-2.jpg"和"风景 2-3.jpg"两个图片素材和"返回"按钮元件拖到舞台中，放置位置如图 11-4 所示。

图 11-3 图片、文字和按钮的位置

图 11-4 图片和按钮的位置

（10）在栏目图层的第 3 帧，按 F7 键，插入空白关键帧，将【库】面板的中"风景 3-1.jpg"、"风景 3-2.jpg"、"风景 3-3.jpg"、"风景 3-4.jpg"和"风景 3-5.jpg"五个图片素材和"返回"按钮元件拖到舞台中，放置位置如图 11-5 所示。

（11）选择"背景"图层的第 4 帧，按 F5 键，插入静态延长帧，【时间轴】面板如图 11-6 所示。

图 11-5 图片和按钮的位置

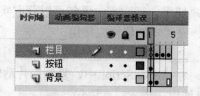

图 11-6 【时间轴】面板

（12）选择"按钮"图层中的"风景1"按扭元件，右击，在弹出的快捷菜单中选择【动作】命令，弹出【动作-按钮】面板。然后在其编辑区中输入如下脚本程序：

```
on (release) {
    gotoAndStop(2);
}
```

（13）选择"按钮"图层中的"风景2"按扭元件，右击，在弹出的快捷菜单中选择【动作】命令，弹出【动作-按钮】面板。然后在其编辑区中输入如下脚本程序：

```
on (release) {
    gotoAndStop(3);
}
```

（14）选择"按钮"图层中的"风景3"按扭元件，右击，在弹出的快捷菜单中选择【动作】命令，弹出【动作-按钮】面板。然后在其编辑区中输入如下脚本程序：

```
on (release) {
    gotoAndStop(4);
}
```

（15）动画制作完成，执行【控制】→【测试影片】（或按快捷键 Ctrl+Enter）命令，预览动画效果。保存文档为"Flash 个人网站.fla"。

通过上面的实例制作，用户应该对 ActionScript 的动作语句和函数有了更深的理解。这里只是列出了极少的动作语句和函数中的极少数部分，而更多的语句和函数还有待用户自己设计创作动画时加以理解和应用。

小结

本章在 ActionScript 的基本语法的基础上，介绍了 ActionScript 语言中的动作命令和常用函数等。通过本章的学习，用户应该了解到，ActionScript 可以控制的对象主要有帧、按钮及影片剪辑等。针对不同的对象产生不同的动作，需要不同的事件命令。本章详细地介绍了各类控制语句和命令，以及在编写脚本过程中常用到的一些函数，并通过实例说明了它们的功能及使用方法。相信通过本章的学习，用户对 ActionScript 编程技术已经不再陌生。

习题

一、填空题

1. 使用_____语句可以获取实例对象的属性值。

2. 设置实例属性应使用_____语句，通常要设置对象的坐标位置，可以修改实例的_____和_____属性值。

3. 在 ActionScript 中，复制影片剪辑实例可以使用_____语句，要删除影片剪辑实例可以使用_____语句。

4．载入和卸载影片，可以使用_____语句和_____语句。

二、简答题

1．在不指定变量类型的情况下，Flash 会不会自动给变量定义类型？如果在定义变量时不给变量指定类型，会出现什么情况？

2．ActionScript 中 "var" 的含义是什么？ "while" 的含义是什么？

三、制作题

1．设计一个动画，要求在通过 Flash Player 播放的时候，禁止右击菜单，并限定播放窗口大小。

2．设计一个气泡不断飘升的动画，要求通过动作脚本程序实现在舞台的下方随机的升起很多小气泡，并且伴有摇摆及颜色渐变等效果。

第12章 ActionScript 脚本的调试与组件

本章要点：

- ☑ ActionScrpt 程序的诊断
- ☑ Flash CS4 调试器面板
- ☑ Flash CS4 调试输出窗口
- ☑ 组件的概念
- ☑ 常用组件的使用
- ☑ 视频组件

12.1 常用的诊断方法

在创作 Flash CS4 作品时，经常要对它测试，从而确保它能够按照用户的意图尽可能地平滑播放。Micromeida 公司提供了多个版本的 Flash Player，而 Flash Player 中的工具往往能够帮助用户优化动画和排除动作脚本故障。如果在动作脚本中使用好的创作技术，当出现异常情况时，就更容易排除脚本的故障。

Flash 提供了几个用来诊断、测试影片中动作脚本的工具。

（1）执行【动作】面板标题栏右上角的"选项"▇菜单中的【语法检查】命令。

如果语法正确，会显示一条消息表明该脚本没有任何错误。如果语法不正确，会显示如图 12-1 所示提示。

（2）执行【调试】→【调试影片】命令来显示当前加载到 Flash Player 中的影片剪辑的分层列表。使用调试影片命令，用户可以在影片播放时显示变量及属性的值，方便修改、调试。并且可以设置断点停止影片并逐行跟踪动作脚本代码。

图 12-1　语法检查错误提示框

（3）【输出】窗口显示错误消息，以及变量和对象列表。

（4）trace()函数会向【输出】窗口发送编程注释和表达式的值。

一般的影片测试，可以直接通过【测试影片】命令来进行。而通过 Flash 系统提供的调试工具还可以对影片进行其他方面的测试。例如：

（5）测试全部的交互动作及动画：执行【控制】→【测试影片】命令，或者执行【控制】→【测试场景】命令。Flash 生成一个".SWF"格式的 Flash 电影文件，同时在另一个窗口里打开它，并使用 Flash Player 播放该电影。".SWF"文件和".FLA"文件保存在同一个文件夹里。

（6）在浏览器里测试电影：执行【文件】→【发布预览】→【HTML 方式】命令。

❀ 如果用户想测试是否已经到达舞台上的某个特定静态区域，或确定影片剪辑何时联系并播放另一个影片剪辑时，可以利用影片剪辑对象的 hitTest()方法，它可以检查某个对象是否与影片剪辑发生冲突，并返回一个布尔值。

12.2 【调试器】面板的使用

在 Flash Player 中运行影片时，使用 Flash 调试器可以发现影片中的错误。用户可以在测试模式下对本地文件使用调试器，或使用调试器测试远程位置的 Web 服务器上的文件。用户可以利用调试器在动作脚本中设置断点，Flash Player 在播放过程中会停止在每个断点处，方便用户跟踪代码。若发现脚本中有需要修改的，可以回到脚本中，对它们进行编辑，以便最终产生正确的结果。

如图 12-2 所示，被激活的【调试器】面板中的【状态栏】显示了影片的 URL 或本地文件路径。【调试器】面板中还显示了影片剪辑列表的动态视图。用户向影片中添加影片剪辑或从影片中删除影片剪辑时，显示列表都会有所反映。通过移动【调试器】面板中的水平拆分器，可以调整显示列表的大小。【调试器】面板主要的功能是用来调试、纠正 Flash 中 ActionScript 的错误。它可以帮助用户在动画的播放过程中及时发现脚本的错误，特别是对变量值和属性的调试。

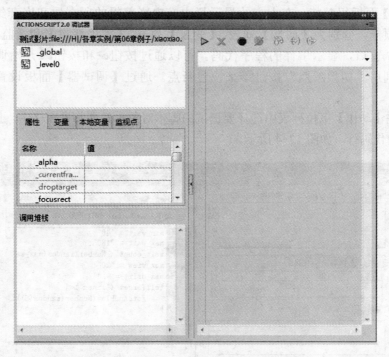

图 12-2 【调试器】面板

一般情况下执行【调试】→【调试影片】命令可以打开【调试器】面板，但却没有任何信息，只有在测试电影时才可以激活【调试器】面板。执行【控制】→【测试影片】命令调试电影。在影片测试状态下会发现【调试器】面板上出现了一行"调试器处于非活动状态。"的文字，表示【调试器】面板处于非激活状态，需要重新激活，如图 12-3 所示。

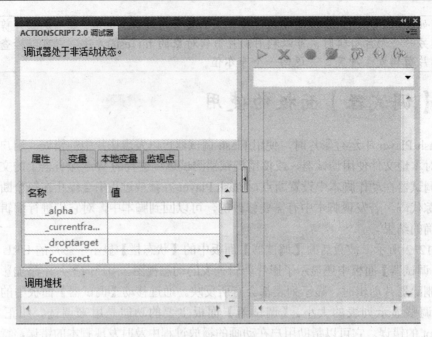

图 12-3 【调试器】面板非激活状态

　　【调试器】面板很独特，在上方的显示栏内有电影剪辑的所在层和嵌套结构。在下方则有四个选项卡，分别为【属性】列表、【变量】列表、【本地变量】和【监视点】列表。在右侧的调试窗口，显示事件的程序代码。可以通过按钮▷和按钮✗开始调试和停止调试。也可以利用"切换断点"按钮●来设置断点。通过【调试器】面板设置断点的步骤如下。

　　（1）先在【动作】下拉列表中选择要调试的脚本对象，并在脚本窗格中，鼠标单击确定要设置断点的代码行，如图 12-4 所示。

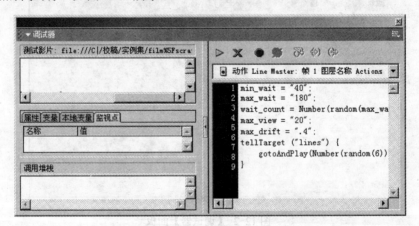

图 12-4 定位要设断点的程序段

　　（2）在调试器中，单击代码视图上方的"切换断点"按钮●在本行中设置断点。或者在选中的代码上，右击，选择快捷菜单的【设置断点】命令，为本行添加断点。此时该行前面会出现一个红色的圆点，表明该处设置了断点，如图 12-5 所示。

图 12-5　设置断点

删除断点的方法和设置断点方法相同，用户可以自己根据需要加以练习。

12.3 【输出】对话框的使用

通常在测试模式下，【输出】对话框中显示的信息有助于用户排除影片中的故障，如一些语法错误信息可以自动显示出来。在测试模式下执行【控制】→【输出】命令，即可显示【输出】对话框，如图 12-6 所示。通过使用【调试】→【对象列表】命令和【调试】→【变量列表】命令，可以在【输出】对话框显示其他信息。

如果在脚本中使用 trace()动作函数，影片运行时，可以向【输出】对话框发送特定的信息。这些信息包括影片状态说明或者表达式的值。如在场景的第 1 帧加入程序 i=1，在第 3 帧加入程序 "i++;gotoandplay(2);trace(i)"，就可以观察到变量 "i" 在电影的循环播放过程中的变化。

在应用【输出】对话框的过程中，还可以方便地利用【选项】下拉菜单来进行相关操作，如图 12-7 所示。

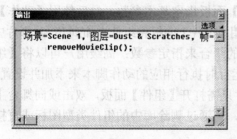

图 12-6　【输出】对话框

图 12-7　【选项】菜单

具体选项说明如下。

○ 执行【选项】→【拷贝】命令，把【输出】对话框中的内容复制到剪贴板中。

○ 执行【选项】→【清除】命令，把【输出】对话框中的内容清除掉。

○ 执行【选项】→【查找】命令，可以在【输出】对话框在文本中搜索字符串。

○ 执行【选项】→【保存到文件】命令，把【输出】对话框中的内容保存到文本文件。

○ 执行【选项】→【打印】命令，可以打印出【输出】对话框中的内容。

12.4　组件的概念

　　Flash 组件是带有参数的影片剪辑，可以修改它的外观和行为。使用组件，可以构建复杂的 Flash 应用程序，使操作人员能方便地从外部载入影片，并对其进行控制；开发者还可以在不同组件间进行数据绑定等。用户不必创建自定义按钮、组合框和列表，可以将这些组件从【组件】面板中拖到应用程序中即可为应用程序添加功能。还可以方便地自定义组件的外观，从而满足自己的设计要求。ActionScript 版本不同，其【组件】面板的内容也有所区别，如图 12-8 所示。

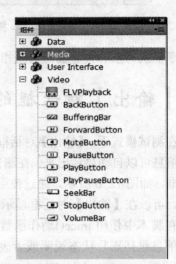

　　　　　ActionScript 3.0 版本【组件】面板　　　　　　　　　　ActionScript 2.0 版本【组件】面板

图 12-8　ActionScript 不同版本的【组件】面板对比

　　向 Flash 影片中添加组件有多种方法。对于初学者，可以使用【组件】面板将组件添加到影片中，接着使用【属性】面板或【组件参数】面板指定基本参数，最后使用【动作】面板编写动作脚本来控制该组件；中级用户可以使用【组件】面板将组件添加到 Flash 影片中，然后使用【属性】面板、动作脚本方法，或两者的组合来指定参数；高级用户可以将【组件】面板和动作脚本结合在一起使用，通过在影片运行时执行相应的动作脚本来添加并设置组件。

　　使用【组件】面板向 Flash 影片中添加组件只需打开【组件】面板，双击或向舞台上拖曳该组件即可。从影片中删除已添加的组件实例，可通过删除库中的组件类型图标或直接选中舞台上的实例按 Backspace 键或 Delete 键删除。

12.5　组件类型

　　Flash CS4 中的组件总体来说包含 4 种类型：用户界面组件、数据组件、媒体组件、视频组件。用户既可以单独使用这些组件在 Flash 影片中创建简单的用户交互功能，也可以通过组合使用这些组件为 Web 表单或应用程序创建一个完整的用户界面。

12.5.1　用户界面组件

常见的用户界面组件有：CheckBox、ComboBox、ListBox、PushButton、RadioButton、ScrollBar、ScrollPane 等。

下面对几个常用组件的功能进行详细说明，其他组件的功能在此只做简单介绍，请有兴趣的读者参阅其他书籍。

1．CheckBox（复选框）

复选框是表单中最常见的组件，它允许用户选择或不选择，对于一组复选框选项，用户可以选择选项中的一个或多个或不选。CheckBox（复选框）组件效果如图 12-9 所示。可以使用【组件检查器】面板，为 Flash 影片中的每个复选框实例设置参数，如图 12-10 所示。

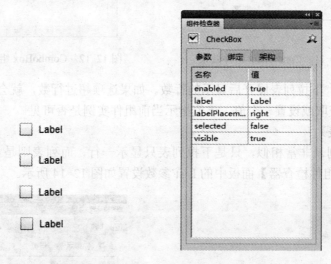

图 12-9　CheckBox 组件　　　　图 12-10　CheckBox 组件参数

- ⊃ enabled：获取或设置一个值，指示组件能否接受用户输入。
- ⊃ label：设置的字符串代表复选框旁边的文字说明，通常位于复选框的右面。
- ⊃ labelPlacement：指定复选框说明标签的位置，默认情况下，标签将显示在复选框的右侧。
- ⊃ selected：设置默认是否选中。在默认状态下此值为 false，表示复选框未选中；为 true 时，表示在初始状态下是选中的。
- ⊃ visible：获取或设置一个值，该值指示当前组件实例是否可见。

2．ComboBox（下拉列表）

下拉列表将所有的选择放置在同一个列表中，供用户选择一个或多个选项，效果如图 12-11 所示。

【组件检查器】面板中的 ComboBox 参数设置如图 12-12 所示。

- ⊃ dataProvider：存储所需要的数据。
- ⊃ editable：设置用户是否可以修改菜单项的内容，默认设置为 false。
- ⊃ enabled：获取或设置一个值，指示组件能否接受用户输入。
- ⊃ prompt：获取或设置对 ComboBox 组件的提示信息。
- ⊃ restrict：获取或设置用户可以在文本字段中输入的字符。

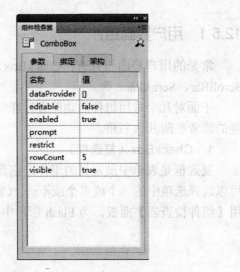

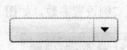

图 12-11　ComboBox 组件效果　　　　　图 12-12　ComboBox 组件参数

- ⊃ rowCount：下拉列表展开后显示的行数。如果选项超过行数，就会出现滚动条。
- ⊃ visible：获取或设置一个值，该值指示当前组件实例是否可见。

3．List（列表）

列表与下拉列表非常相似，只是下拉列表只显示一行，而列表则是显示多行，效果如图 12-13 所示。【组件检查器】面板中的 List 参数设置如图 12-14 所示。

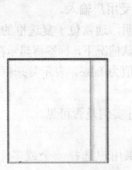

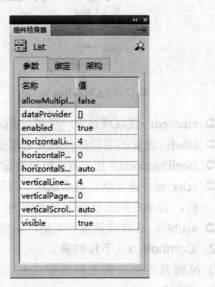

图 12-13　List 组件效果　　　　　图 12-14　List 组件参数

- ⊃ allowMultipleSelection：设置为 true，可以复选，不过要配合 Ctrl 键。
- ⊃ dataProvider：存储所需要的数据。
- ⊃ enabled：获取或设置一个值，指示组件能否接受用户输入。
- ⊃ horizontalLineScrollSize：指示每次单击箭头按钮时水平滚动条移动多少个单位。默认值为 5。

- ⊃ horizontalPageScrollSize：指示每次单击滚动条轨道时水平滚动条移动多少个单位。默认值为 20。
- ⊃ horizontalScrollPolicy：显示水平滚动条。该值可以是 on，off 或 auto。默认值为 auto。
- ⊃ verticalLineScrollSize：指示每次单击箭头按钮时垂直滚动条移动多少个单位。默认值为 5。
- ⊃ verticalPageScrollSize：指示每次单击滚动条轨道时垂直滚动条移动多少个单位。默认值为 20。
- ⊃ verticalScrollPolicy：显示垂直滚动条。该值可以是 on，off 或 auto。默认值为 auto。
- ⊃ visible：获取或设置一个值，该值指示当前组件实例是否可见。

4．Button（按钮）

Button 组件效果如图 12-15 所示，【组件检查器】面板中的 Button 参数设置如图 12-16 所示。

图 12-15　Button 组件效果　　　　　　　　图 12-16　Button 组件参数

- ⊃ emphasized：获取或设置一个布尔值，指示按钮处于弹起状态时，Button 组件周围是否绘有边框。值为 true，当按钮处于弹起状态时其四周带有边框；值为 false，当按钮处于弹起状态时其四周不带边框。
- ⊃ enabled：获取或设置一个值，指示组件能否接受用户输入。
- ⊃ label：设置按钮的名称。
- ⊃ labelPlacement：标签放置的位置。
- ⊃ selected：设置默认是否选中。在默认状态下此值为 false，表示选项未选中，为 true，表示在初始状态下是选中的。
- ⊃ toggle：设置为 true，则在鼠标按下、弹起、经过时会改变按钮的外观。
- ⊃ visible：获取或设置一个值，该值指示当前组件实例是否可见。

5．RadioButton（单选按钮）

单选按钮通常用在选项不多的情况下，它与复选框的差异在于它必须设定群组，同一群组的单选按钮不能复选，组件效果如图 12-17 所示。【组件检查器】面板中的 RadioButton 参数设置如图 12-18 所示。

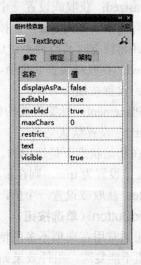

图 12-17　RadioButton 组件效果　　　　图 12-18　RadioButton 组件参数

- groupName：用来判断是否被复选的依据，同一群组内的单选按钮只能选择其一。
- enabled：获取或设置一个值，指示组件能否接受用户输入。
- label：设置单选按钮的名称。
- labelPlacement：设置标签放置的位置，是在按钮的左边还是右边。
- selected：设置单选按钮的初始状态，设置方法是单击此项参数，从打开的菜单中选择 true 或 false，true 为选中，false 为未选中。默认值为 false。
- value：设置单选按钮的值。
- visible：获取或设置一个值，该值指示当前组件实例是否可见。

6．TextInput（输入文本框）

TextInput 组件是单行文本，该组件是 ActionScript TextField 对象的包装。可以使用样式自定义 TextInput 组件，当实例被禁用时，它的内容会显示为 disabledColor 样式表示的颜色。TextInput 组件也可以采用 HTML 格式，或作为掩饰文本的密码字段，组件效果如图 12-19 所示。【组件检查器】面板中的 TextInput 参数设置如图 12-20 所示。

图 12-19　TextInput 组件效果　　　　图 12-20　TextInput 组件参数

○ displayAsPassword：设置字段是否为密码字段。默认值为 false.
○ editable：设置 TextInput 组件是否可编辑，默认值为 true。
○ enabled：获取或设置一个值，指示组件能否接受用户输入。
○ maxChars：获取或设置用户可以在文本字段中输入的最大字符数。
○ restrict：获取或设置文本字段从用户处接受的字符串。
○ text：设置 TextInput 组件的内容。
○ visible：获取或设置一个值，该值指示当前组件实例是否可见。

7. Lable（文本标签）

一个 Lable（文本标签）组件就是一行文本。可以指定一个标签采用 HTML 格式，也可以控制标签的对齐和大小。Lable 组件没有边框、不能具有焦点，并且不广播任何事件，组件效果如图 12-21 所示。【组件检查器】面板中的 Lable 参数设置如图 12-22 所示。

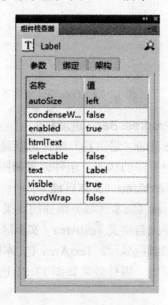

图 12-21　Lable 组件效果　　　　　　图 12-22　Lable 组件参数

○ autoSize：指示如何调整标签的大小并对齐标签以适合文本。默认值为 none。
○ enabled：获取或设置一个值，指示组件能否接受用户输入。
○ condenseWhite：获取或设置一个值，指示是否应从包含 HTML 文本的 Lable 组件中删除额外空白，如空格和换行符。
○ htmlText：设置标签是否采用 HTML 格式。如果此参数设置为 true，则不能使用样式来设置标签的格式，但可以使用 font 标记将文本格式设置为 HTML。默认值为 false。
○ selectable：获取或设置一个值，指示文本是否可选。
○ text：设置标签的文本，默认值是 Lable。
○ visible：获取或设置一个值，该值指示当前组件实例是否可见。
○ wordWrap：获取或设置一个值，指示文本字段是否支持自动换行。

8. DataGrid（数据网格）

DataGrid 组件（数据网格）能创建强大的数据驱动的显示和应用程序。可以使用

DataGrid 组件来实例化 Flash Remoting 的记录集，然后将其显示在列表中，组件效果如图 12-23 所示。

9. NumericStepper（数字进阶）

NumericStepper（数字进阶）组件允许用户逐个通过一组经过排序的数字。该组件由显示在上下箭头按钮旁边的文本框中的数字组成。用户按下按钮时，数字将根据 setpSize 参数中指定的单位递增或递减，直到用户释放按钮或达到最大或最小值为止。组件文本框中的文本可编辑，组件效果如图 12-24 所示。

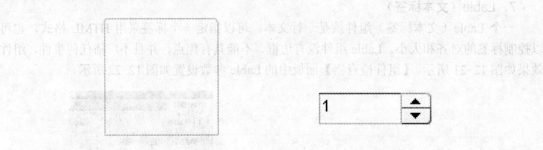

图 12-23   DataGrid 组件效果   图 12-24   NumericStepper 组件效果

10. ProgressBar（进度栏）

ProgressBar（进度栏）组件可以显示加载内容的进度。ProgressBar 可用于显示加载图像和部分应用程序的状态，组件效果如图 12-25 所示。

11. TextArea（文本区域）

TextArea（文本区域）组件的效果等于将 ActionScript 脚本中的 TextField 对象进行换行，可以使用样式自定义 TextArea（文本区域）组件；当实例被禁用时，其内容以 disableColor 样式所指示的颜色显示。TextArea（文本区域）组件也可以采用 HTML 格式，或者作为掩饰文本的密码字段，组件效果如图 12-26 所示。

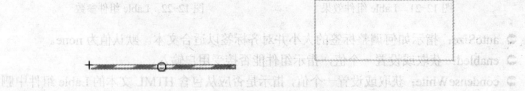

图 12-25   ProgressBar 组件效果   图 12-26   TextArea 组件效果

12. ScrollPane（滚动窗格）

ScrollPane（滚动窗格）组件在一个可滚动区域中显示影片剪辑、JPGE 文件和 SWF 文件。通过使用滚动窗格，可以限制这些媒体类型所占用的屏幕区域的大小。ScrollPane 可以显示从本地磁盘或 Internet 加载的内容，组件效果如图 12-27 所示。

13. UILoader（加载）

UILoader（加载）组件是一个容器，可以显示 SWF 或 JPGE 文件。可以缩放加载器的内容，或调整加载器自身的大小来匹配内容的大小。默认情况下，会调整内容的大小以适应加载器，组件效果如图 12-28 所示。

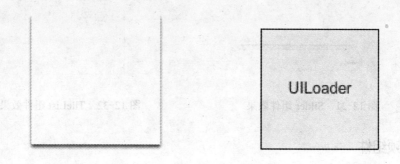

图 12-27　ScrollPane 组件效果　　　　　　图 12-28　UILoader 组件效果

14．UIScrollBar（UI 滚动条）

UIScrollBar（UI 滚动条）组件允许将滚动条添加至文本字段。可以在创作时将滚动条添加至文本字段，或使用 ActionScript 在运行时添加，组件效果如图 12-29 所示。

15．ColorPicker（颜色拾取器）

ColorPicker（颜色拾取器）组件将显示包含一个或多个样本的列表，用户可以从中选择颜色。在默认情况下，该组件在方形按钮中显示单一颜色样本。当用户单击此按钮时，将打开一个面板，其中显示样本的完整列表，组件效果如图 12-30 所示。

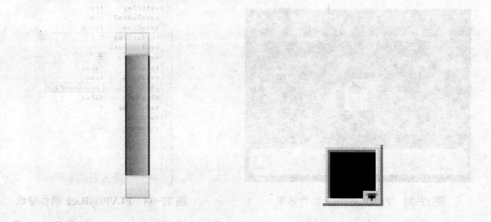

图 12-29　UIScrollBar 组件效果　　　　　图 12-30　ColorPicker 组件效果

16．Silder（滑块）

通过使用 Silder（滑块）组件，用户可以在滑块轨道的端点之间移动滑块来选择值。Silder 组件的当前值由滑块端点之间滑块的相对位置来确定，端点对应于 Silder 组件的 minimum 和 maximum 值，组件效果如图 12-31 所示。

17．TileList（平铺列表）

TileList（平铺列表）组件提供呈行和列分布的网格，通常用来以"平铺"格式设置并显示图像，组件效果如图 12-32 所示。

图 12-31　Silder 组件效果　　　　　　　　　图 12-32　TileList 组件效果

12.5.2　视频组件

Video（视频组件）主要包括 FLVPlayBack（FLV 回放）组件和一系列视频控制按键的组件。

当前网络中非常流行的视频分享网站，主要用的就是 FLV 技术。其主要原理是通过一个 Flash 制作的 FLV 视频播放器，来播放服务器上的 FLV 文件。在 Flash CS4 中可以直接使用该软件所提供的 FLV 视频播放组件，轻松地把 FLV 视频添加到自己的影片中。FLVPlayBack（FLV 回放）组件效果如图 12-33 所示。其【组件检查器】面板参数设置如图 12-34 所示。

图 12-33　FLVPlayBack 组件效果　　　　　　图 12-34　FLVPlayBack 组件参数

- autoPlay：确定 FLV 文件的播放方式的布尔值。如果为 true，则该组件将在加载 FLV 文件后立即播放。如果为 false，则该组件加载第一帧后暂停。对于默认视频播放器，默认值为 true，对于其他项则为 false。
- autoRewind：一个布尔值，用于确定 FLV 文件在它完成播放时是否自动后退。如果为 true，则播放头达到末端或用户单击【停止】按钮时，FLVPlayBack 组件会自动使 FLV 文件后退到开始处。如果为 false，则组件在播放完 FLV 文件的最后一帧后会停止，并且不自动后退，默认值为 true。
- autoSize：一个布尔值，如果为 true，则在运行时调整组件大小以使用源 FLV 文件尺寸。这些尺寸是在 FLV 文件中进行编码的，并且不同于 FLVPlayBack 组件的默认尺寸。默认值为 false。

- bufferTime：在开始回放前，在内存中缓冲 FLV 文件的秒数。此参数影响 FLV 文件流，这些文件在内存中缓冲，但不下载。
- contentPath：一个字符串，指定 FLV 文件的 URL，或指定描述如何播放一个或多个 FLV 文件的 XML 文件。用户可以指定本地计算机上的路径、HTTP 路径或实时消息传输协议路径。
- cuePoints：描述 FLV 文件的提示点的字符串，提示点允许用户同步包含 Flash 动画、图形或文本的 FLV 文件中的特定点。默认值为一个空字符串。
- isLive：一个布尔值，如果为 true，则指定 FLV 文件正从 Flash Communication Server 实时加载流。实时流的一个示例就是在发生新闻事件的同时显示这些事件的视频。默认值为 false。
- maintainAspectRatio：一个布尔值，如果为 true，则调整 FLVPlayBack 组件中视频播放器的大小，以保持源 FLV 文件的高宽比，FLV 文件根据舞台上 FLVPlayBack 组件的尺寸进行缩放。Autozise 参数优先于此参数，默认值为 true。
- skin：用于打开【选择外观】对话框，从该对话框中可以选择组件的外观。默认值最初是预先设计的外观，但它在以后将成为上次选择的外观。如果选择 none，则 FLVPlayBack 实例并不具有用于操作 FLV 文件的控制元素。如果 autoPlay 参数设置为 true，则会自动播放 FLV 文件。
- skinAutoHide：一个布尔值，如果为 true，则当鼠标不在 FLV 文件或外观区域上时隐藏外观。默认值为 false。
- totalTime：源 FLV 文件中的总秒数，精确到毫秒。默认值为 0。
- volume：一个 0～100 的数字，用于表示相对于最大音量的百分比。

12.6　课堂实例演示——制作时间日历

本例要实现的功能是：用户在日期组件中选择一个日期，然后系统会自动在文本对象里面显示选取的日期，演示效果如图 12-35 所示。

图 12-35　效果演示

在本例中主要用到两个组件：DateChooser 和 Label。通过日期选取组件 DateChooser 在文本对象间进行绑定。

（1）新建一个 Flash 文件（ActionScript 2.0），并且设置舞台尺寸为 500 像素×400 像素。

（2）执行【文件】→【导入】→【导入到舞台】命令，以"风景.jpg"图片文件为例，将其导入到舞台中。

（3）新建图层 2，执行【窗口】→【组件】（或按快捷键 Ctrl+F7）命令，打开【组件】面板，选择【组件】面板中的【User Interface（用户界面）】→【DateChooser（日期选取）】组件，将其拖到舞台中。

（4）继续选择【组件】面板中的【User Interface（用户界面）】→【Label（标签）】组件，将其拖到舞台中。两组件位置如图 12-36 示。

（5）选择【DateChooser（日期选取）】组件，在其【属性】面板中设置 DateChooser 组件的实例名称为"date"，再选择【Label（标签）】组件，设置其实例名称为"text"。

（6）选择【Label（标签）】组件，在其【属性】面板中单击按钮 ，弹出【组件检查器】面板，在【组件检查器】面板中设置"text"的参数为"您选择的时间"，如图 12-37 示。

图 12-36 　DateChooser 和 Label 组件的位置 　　　图 12-37 　设置 Label 组件的属性

（7）选择舞台中的【DateChooser（日期选取）】组件，选择【组件检查器】面板中的【绑定】选项卡，如图 12-38 所示。

（8）单击按钮【+】，弹出【添加绑定】对话框，如图 12-39 所示。选择其中的 selectedDate:Date 选项，然后单击【确定】按钮。

图 12-38 　【绑定】选项卡 　　　图 12-39 　【添加绑定】对话框

　　（9）返回【组件检查器】面板，单击 Bound to 右边的放大镜按钮，在弹出的【绑定到】对话框中选择名为"text"的 Lable 组件，如图 12-40 所示。

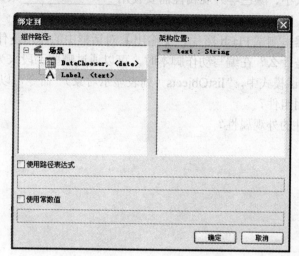

图 12-40　选择绑定的目标对象

　　（10）组件设置完毕。执行【控制】→【测试影片】命令，在 Flash 播放器中预览动画效果，如图 12-35 所示。

　　（11）执行【文件】→【保存】命令，将文件保存为"时间日历.fla"。

小结

　　一般来说，高级语言的编程和程序的调试都是在特定的平台上进行的。和其他高级语言不同的是，ActionScript 可以在【动作】面板中进行编写，但最终的测试，却不能依靠【动作】面板。Flash CS4 为预览、测试、调试 ActionScript 脚本程序提供了一系列的工具，其中包括专门用来调试 ActionScript 脚本的工具——调试器。本章详细地介绍了【调试器】面板的功能及其使用。利用设置断点技术及动作函数 trace() 可以帮助用户更好的跟踪、测试脚本程序，并通过【输出】对话框将结果信息显示出来。随着用户对 ActionScript 脚本编程的深入学习，会逐渐找到自己在调试脚本程序中的技巧。

　　使用组件能提高 Flash 创建作品的效率。由于 Flash 组件太多，本章不能一一介绍每种组件的使用方法及其功能，这还需要读者自己摸索。另外还可以通过网络下载及自己制作新组件来扩充组件资源。

习题

一、填空题

　　1. 通过_____命令可以打开并激活【调试器】面板。

　　2. 执行【控制】→【测试影片】命令时，Flash 会自动生成一个_____格式的文件，并和_____格式的文件放在同一个文件夹里。

3. 组件是指_____。

4. 组件的文本大小、颜色等外观属性需要使用_____来调整。

二、简答题

1. 如何在浏览器里测试 Flash 影片？【输出】对话框中的作用是什么？

2. 断点的作用是什么？在编写动作脚本时，可以通过哪些手段来为程序设置断点？

3. 在 Flash 的测试模式中，"listObjects（列表显示对象）"命令可以用来显示哪些对象？

4. 为什么要使用组件？

5. 如何修改组件的外观属性？

第三篇　　Flash 综合实例

第13章　Flash CS4 电子贺卡动画实例

　　人们都喜欢在逢年过节或朋友生日的时候送去一份礼物作为祝福。以前都是买生日贺卡或节日贺卡，又花钱又不方便。随着科技的发展，Flash 的出现解决了大多数人的这一烦恼。用 Flash 强大的动画制作功能可以制作出一张精美的电子贺卡。

　　电子贺卡的形式有很多，但总的说来制作方法都是大同小异的，只不过里面的内容与祝词有所差别而已。本章将以完整实例示范如何制作最常用的生日贺卡。

13.1　准备工作

　　准备一个音乐文件，格式为 mav 或 mp3（如果要加入的音乐是其他格式，应先将其转换成 mp3 或 mav 格式）。

　　本实例的整个制作过程中用到的均属 Flash 的初步动画技巧、简单的绘画、常用的动作代码，并没涉及高深层次的技术原理，所以只需对 Flash 的初步制作功能有一定程度的了解即可。

13.2　元件制作过程

1. 制作小兔子

　　小兔子是整个动画制作过程中最复杂的动画环节，要用到它的三个不同姿势的侧面，所以要画三个不同姿势的小兔子。

　　（1）执行【文件】→【新建】命令，创建一个新文档。并在【文档属性】对话框中设置场景的【尺寸】为 550 像素×400 像素，设置帧速度为 20 fps，背景颜色为淡紫色，如图 13-1 所示。

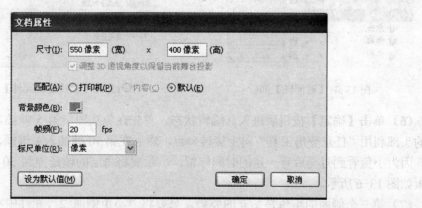

图 13-1　设置文档属性

　　（2）执行【插入】→【新建元件】命令或按快捷键 Ctrl+F8，打开【创建新元件】对话框，将【类型】选项设置为"图形"，命名为"小兔子侧面 1"，如图 13-2 所示。单击【确定】按钮后进入图形元件的编辑界面。

图 13-2 【创建新元件】对话框

图 13-3　绘制兔子元件

（3）第一个侧面的小兔子是向前走的小兔，下面先制作它。将小兔子的头、身、脚分别放在不同的图层中。另外，因为小兔子在走路，所以要把脚做成动画。把脚放在最下面的图层上，两只脚分别放在两个图层中。用工具箱中的"铅笔工具"画出小兔子，如图 13-3 所示。

（4）在两只脚的图层中来制作动画。分别在两只脚图层的第 10 帧处加入关键帧，在第 1 帧和第 10 帧之间创建传统补间动画。单击第 10 帧处，用"任意变形工具"将前面的脚旋转到与后面的脚一样的位置，将后面的脚旋转到前面脚开始的位置，即第 10 帧的两个层中的两只脚与第 1 帧的两个层中的两只脚交换了位置。【时间轴】面板如图 13-4 所示。

❀　为了让前后两只脚交换位置后能保持相同的位置，可以将时间轴中的"绘图纸外观轮廓"按钮◻打开，该按钮能够显示出前后两关键帧中图像的轮廓，以方便移动脚的位置。

（5）第二个侧面的小兔子描绘的是，当它一边向前走一边想着送给妈妈什么生日礼物的时候，突然抬头看到月亮上有礼物，所以它有一个抬头的动作。简单的制作方法是：在【库】面板中，右击"小兔子侧面 1"元件，在弹出的快捷菜单中选择【直接复制】命令，弹出【直接复制元件】对话框，在【名称】文本框中输入"小兔子侧面 2"，如图 13-5 所示。

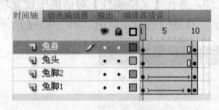

图 13-4 【时间轴】面板

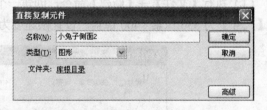

图 13-5 【直接复制元件】对话框

（6）单击【确定】按钮后进入其编辑状态。首先在兔头图层第 5 帧插入关键帧，再将小兔的头部利用"任意变形工具"向上旋转一点，然后在第 10 帧插入关键帧，再将头部旋转一点。因为小兔看到月亮后有一定的时间停留，所示要将每层的帧延伸到 30 帧处。【时间轴】面板如图 13-6 所示。

（7）第三个侧面的小兔是站立的姿势。只要将"小兔侧面 2"元件中小兔的双脚变换成站立的姿势就可以了。仍然采用"直接复制"元件的方法。在此元件中，小兔没有动作，所以要将时间轴中所有的帧都删掉。图形元件的效果如图 13-7 所示。

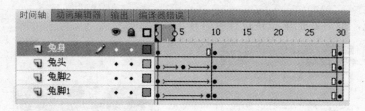

图 13-6　【时间轴】面板

2．制作星星

（1）新建一个图形元件，并命名为"星星"，单击【确定】按钮后进入图形的编辑界面。选择工具箱中的"矩形工具"画一个没有边框的矩形。【颜色】面板的设置如图 13-8 所示，填充矩形。渐变条中的三个色点，从左到右分别为：红 240、绿 220、蓝 60、Alpha 0%；红 240、绿 220、蓝 60、Alpha 100%；红 240、绿 220、蓝 60、Alpha 0%；填充后的效果如图 13-9 所示。

 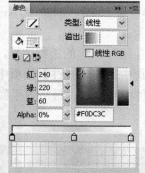 

图 13-7　小兔站立姿势　　图 13-8　【颜色】面板的设置　　　　图 13-9　填充后的矩形

（2）选择矩形，执行【窗口】→【变形】命令，打开【变形】面板，按如图 13-10 所示进行设置。单击"重复选区和变形"按钮 📇，即可得到如图 13-11 所示的图形。

图 13-10　设置【变形】面板　　　　图 13-11　变形后的图形

（3）再次全选舞台中的图形。单击"重复选区和变形"按钮，将【旋转】的参数设为 45，"宽度"和"高度"值设为 70%（单击"约束"按钮 ⊜，修改高与宽任何一项的值，另一项会自动修改），【变形】面板的设置如图 13-12 所示。图形效果如图 13-13 所示。至此，星星的效果制作完成，最后要把星星定位在元件中心。

图 13-12   设置【变形】面板

图 13-13   星星光射效果

（4）在元件中新建一个层，先让该层位于星星层的上面，然后在该层中用"椭圆工具"画一个直径为 90 的正圆。然后如图 13-14 所示，在【颜色】面板中为正圆进行放射填充，色度条上的两色点设置分别为：红 255、绿 255、蓝 255、Alpha 100%；红 170、绿 100、蓝 0、Alpha 0%。得到星星的光心，如图 13-15 所示。

（5）用"椭圆工具"在该层中再画一个直径为 100 的正圆边框，调整其颜色与透明度到合适的数值。如果感觉圆的边框太细，可以选中后在【属性】面板中将其加粗一些。至此，星星已经制作完成，将所有元件都定位于元件中心位置，最后效果如图 13-16 所示。

图 13-14   【颜色】面板设置

图 13-15   填充后的光心

图 13-16   星星的最后效果

下面来制作满天星光的效果，具体步骤如下。

（6）新建两个影片剪辑，分别命名为"星光 1"、"星光 2"。在"星光 1"中拖入事先做好的"星星"元件。然后在第 40 帧处插入关键帧，并创建传统补间动画，再在第 100 帧处插入关键帧，同样也创建传统补间动画。接着单击第 1 帧处，用鼠标单击舞台中的"星星"元件，在【属性】面板的【色彩效果】选项区中将【样式】下拉菜单中的 Alpha 值设置为 50%，如图 13-17 所示。

（7）单击第 100 帧，用同样的方法将星星的透明度设置为 50%。至此，"星光 1"元件的设置完成。

（8）打开"星光 2"的影片剪辑，拖入"星星"元件，然后在第 60 帧插入关键，并创建传统补间动画，在 100 帧处插入关键帧，创建传统补间动画。完成后单击第 60 帧处，同样将其透明度设置为 50%。这样就做好了两星星闪烁的影片，其中星星的透明度与补间动画的关键帧位置都不一样，这样就会产生出两种不同的星星闪烁的效果，为以后制作星空做好准备。

（9）新建一个图形元件，命名为"星群"，然后将刚才做好的两个"星星"影片剪辑，分别拖到这个"星群"图形元件中，要分布得合适，不能太多也不能太少，星群的摆放如图 13-18 所示。

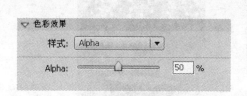

图 13-17　设置 Alpha 值　　　　　　　　图 13-18　星群的摆放

（10）再建一个影片剪辑，取名为"星空"。在影片剪辑中新建一个层（此时为两个层）。然后在这两个层中分别将刚才做好的"星群"图形元件拖进来，将图层 1 与图层 2 的两个星群横向排在一起，并在【属性】面板中设置图层 1 中的星群竖向位置为 0，再设置图层 2 中的星群与图层 1 中的星群在同样高度，并在图层 1 的右边。在两个图层的第 100 帧处分别插入关键帧，为两个图层中的元件创建传统补间动画。然后单击图层 2 的第 100 帧，将星群拖到与图层 1 中的星群一样的位置，接着将图层 1 中的星群向左平移与图层 2 中的星群头尾相接。至此，所有的星空就做好了。

3. 制作月亮

（1）新建一个图形元件，命名为"月亮"。在图形元件的编辑区中画一个正圆，设置【颜色】面板，如图 13-19 所示，其中色条上三个点的颜色分别为：红 255、绿 255、蓝 0、Alpha100%；红 255、绿 255、蓝 0、Alpha100%；红 255、绿 255、蓝 255、Alpha 0%。利用"颜料桶工具"填充正圆。

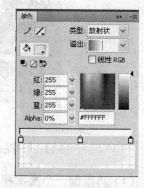

（2）复制刚画的圆，并拖动复制的圆到第一个圆上，稍微错开一点，位置如图 13-20 所示。然后，单击刚复制的这个圆并删除，得到如图 13-21 所示的月牙状图形。

图 13-19　设置【颜色】面板

图 13-20　两圆的位置　　　　　　　　图 13-21　制作月牙

4．制作花蓝伞

（1）新建一个图形元件，命名为"动画花蓝伞"。利用工具箱中的"铅笔工具"绘制如图 13-22 所示的图形。

（2）用绘图工具栏中的"颜料桶工具"为花蓝伞填充颜色。利用"椭圆形工具"为其添加点缀。效果如图 13-23 所示。

图 13-22 绘制花蓝伞

图 13-23 填充边线颜色

（3）再绘制一个椭圆，放置在如图 13-24 所示的位置，花蓝伞制作完成。将"小兔子侧面 3"元件拖到舞台中，放置在如图 13-25 所示的位置。

图 13-24 花蓝伞最终效果

图 13-25 拖入小兔子侧面 4 元件

（4）再绘制一个魔术棒图形，并将其转换为元件，元件名称为"魔术棒"，如图 13-26 所示。将该"魔术棒"元件拖到舞台中，放在小兔子手中，如图 13-27 所示。

图 13-26 魔术棒

图 13-27 魔术棒放置的位置

（5）在图层 1 的第 10 帧处插入关键帧，将"花蓝伞"元件垂直向上移动一段距离，然后在第 20 帧处插入关键帧，在此帧处将小兔手中的魔术棒放大并按逆时针方向旋转 15°角。至此，动画花蓝伞制作完成。

（6）在【库】面板右击"动画花蓝伞"元件，选择快捷菜单中的【直接复制】命令，在弹出的【直接复制元件】对话框中将其命名为"静止花蓝伞"。双击打开刚制作好的"静止花蓝伞"元件，进入其编辑状态，将图层 1 中的动画帧删除，"静止花蓝伞"元件制作完成。

5．制作展开的画卷

（1）新建一个图形元件，命名为"展开画卷"。然后进入其编辑模式。在其工作区中用"矩形工具"画一个大小为 150 像素×400 像素的矩形，边框选择无，填充颜色选择淡青色（#CCCC00），用此矩形作为画卷的画布。然后，分别执行【修改】→【相对于舞台分布】、【修改】→【水平居中】、【修改】→【垂直居中】命令各一次，使该画布置于文档的中间。

（2）用"矩形工具"画一个大小为 120 像素×360 像素的矩形，边框选择无，填充颜色选择白色，把它置于原先矩形的中间，作为画卷的书写部分，效果如图 13-28 所示。

（3）用"文本工具"在画卷上写上"生日快乐"，字体设置为"楷体_GB2312"，文字方向为"垂直 从左向右"，格式为"中间对齐"，字体颜色为"红色"，效果如图 13-29 所示。

　　　图 13-28　画卷效果图　　　　　　　图 13-29　设置动作脚本

（4）在图层 1 的第 1 帧处将画卷图形的中心点移到上端，然后选择"任意变形工具"将画卷缩小至最小，如图 13-30 所示。在第 30 帧处再将画卷放大为原来的长度，如图 13-31 所示。在第 1 帧和第 30 帧之间创建传统补间动画。

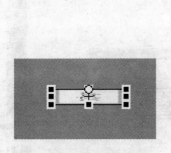

　　　图 13-30　第 1 帧处画卷　　　　　　图 13-31　第 3 帧处画卷

（5）打开【颜色】面板，选择"线性"渐变模式，调配出由中间白色两边黄色做渐进变化的颜色效果，如图 13-32 所示。

（6）新建图层 2，用"矩形工具"画一个大小为 150 像素×20 像素的矩形，边框选择无，利用"渐变变形工具" 填充矩形作为画卷的画轴，如图 13-33 所示。

（7）在矩形两边绘制两个大小为 16 像素×16 像素的小矩形，边框选择无，填充颜色选择黑色，作为画卷的木塞。执行【修改】→【组合】命令，将三个矩形组合起来，这样画卷的画轴就制作好了。

图 13-32　设置颜色面板

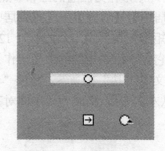

图 13-33　画卷的画轴

（8）选择图层 2 的第 30 帧，右击，选择快捷菜单中的【插入帧】命令，延长播放时间，再新增一个图层 3，复制图层 2 的第 1 帧的画卷，把它粘贴到图层 3 第 1 帧的相应位置，效果如图 13-34 所示。

图 13-34　效果图

（9）选择图层 3 的第 30 帧，右击，选择快捷菜单中的【插入关键帧】命令，按住 Shift 键，把处于该图层的画轴拉到画卷的尾端，紧接着回到图层 3 的第 1 帧，右击，选择快捷菜单中的【创建传统补间】命令。此时的【时间轴】面板如图 13-35 所示。最后的效果图如图 13-36 所示。

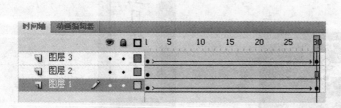

图 13-35　【时间轴】面板

图 13-36　最终效果图

（10）至此，动画中的元件已经制作完成，下面给出动画中所用到的礼物，这里所给出的礼物是导入的图片，如图 13-37 所示。读者也可以利用 Flash 的绘图工具画出来。

13.3　影片合成

1．制作动画开始的画面

（1）动画的开始画面包括星空、月亮、花蓝伞、小兔子等几个元件和背景，其中背景是一张导入的图片。该画面由小到大旋转至整个窗口。这个组合很简单，只要将之前做好的各个元件分别拖入一个新建的名为"封面"的图形元件中就可以了。

图 13-37　礼物

（2）在主场景中，将图层 1 改名为"开始画面"。将组合好的"封面"图形元件拖入到主场景的开始画面图层中，在第 1 帧处调整好图形元件的位置、大小，如图 13-38 所示。在第 30 帧处插入关键帧，用"任意变形工具"将第 30 帧处的封面元件改变大小和方向直到封面元件在第 30 帧处可以盖满整个动画的窗口，如图 13-39 所示。在第 1 帧和第 30 帧之间创建传统补间动画。然后再单击第 1 帧，在【属性】面板的【补间】选项栏中进行设置，如图 13-40 所示。

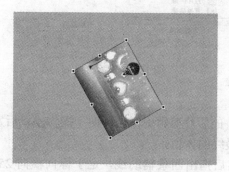

图 13-38　第 1 帧图形大小和位置

图 13-39　第 30 帧图形大小和位置

（3）新建一个图层，命名为"动画"，位于"开始画面"层的上面，并在第 30 帧处插入关键帧，然后在 30 帧处拖入一个按钮，用来控制动画的开始。可以在 Flash CS4 自带的公用库中找一个公用按钮。执行【窗口】→【公用库】→【按钮】命令，在弹出的【库】面板中找到一个 play播放按钮，此处所用的是 playback flat 文件夹中的"flat blue play"按钮元件，如图 13-41 所示。

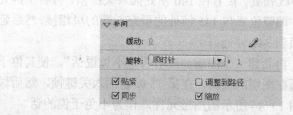

图 13-40　【属性】面板设置

图 13-41　【公用库】面板

（4）用鼠标右击这个按钮，在弹出的快捷菜单中选择【动作】命令，打开【动作】面板。在【动作】面板左边的动作菜单中单击 play 命令，为按钮增加 play 命令。该命令要放在 on(release){} 函数中，如图 13-42 所示。

（5）用鼠标单击"开始画面"层的第 30 帧处，为其添加一条 stop 命令，stop 命令位于 play 命令的下面，添加方法与 play 命令相同，如图 13-43 所示。

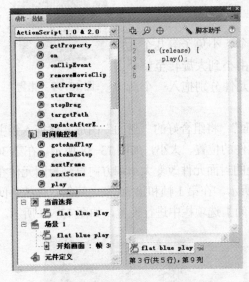

图 13-42　【动作-按钮】面板

图 13-43　添加 stop 命令

2. 制作"动画"影片剪辑

后面的一系列动画都放在一个名为"动画"的影片剪辑中，这样便于操作，以后发现有错误时容易更改，同时也可以相对地减小动画最终的体积。

（1）新建一个影片剪辑，名为"动画"，然后拖出四条辅助线，定于标向横向 250、竖向 200 的位置。这样便于操作，而不至于使制作出来的动画某部分超出动画最终输出时的窗口中。

（2）在图层 1 第 1 帧将事先做好的小兔子侧面 1 拖到影片中的右下角，并将图层 1 改名为"小兔子"。然后在第 145 帧处插入关键帧，在第 1 帧和第 145 帧之间创建传统补间动画。

图 13-44　小兔子说话图标

单击第 145 帧，将小兔子横向拖动到影片的中间，即做了一个小兔子从影片右端移动到中间位置的补间动画。

（3）添加一个新层位于小兔子所在层的下面，将其改名为"星空"，并将事先做好的星空动画拖进来，然后延长帧数到 145 帧处，接着在 146 帧处插入关键帧，再将星群元件拖入并调整位置与 145 帧处的星空左端的星相接，然后延长关键帧到 340 帧处。

（4）再新建一个图层，改名为"小兔说话"。使其位于小兔子所在图层的上面，在第 75 帧处插入关键帧，然后做一个如图 13-44 所示的图形元件，作为小兔子说的话。

（5）将该图标拖到"小兔说话"图层的第 75 帧处，然后在第 90 帧处插入关键帧，在两关键帧之间创建传统补间动画。单击第 75 帧处，用"任意变形工具"将图标缩小，在 110 帧处插入关键帧，在第 110 帧到第 125 帧之间，每隔两个空白帧插入一个关键帧，并在每个关键帧处的"小兔说话图标"元件内添加一个"？"，此时【时间轴】面板如图 13-45 所示。

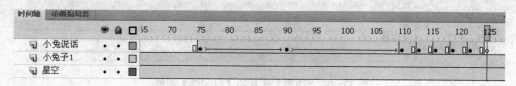

图 13-45　第 75 到 125 帧的【时间轴】面板

（6）在"小兔说话"图层的第 130 帧处插入关键帧，然后将前面制作好的"月亮"元件图形拖进来，放到标尺向右 350 左右的位置，然后在第 145 帧插入关键帧，并将月亮放置在标尺向右 200 左右的位置。在第 130 帧到第 145 帧之间右击，选择快捷菜单中的【创建补间动画】命令，此时会生成一个新的补间动画图层，命名为"月亮补间"。然后再将帧数延长到第 340 帧处。此时【时间轴】面板如图 13-46 所示。

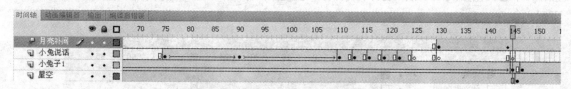

图 13-46　【时间轴】面板

（7）新建一个图层，命名为"礼物"，位于所有层的上面，在第 130 帧处插入空白关键帧，并将事先准备好的"礼物"元件拖进来，调整位置在月亮的上端角上，在第 145 帧处插入关键帧，将"礼物"放置在月亮的下端角上。并在第 130 帧到第 145 帧之间创建传统补间动画。这样便能产生"礼物"从月亮的上端滑到下端的效果。因为前面制作月亮是从第 130 帧到第 145 帧创建了补间动画，所以现在礼物也从 130 帧到 145 帧创建传统补间动画，使其开始与结束时的位置与月亮相同。如图 13-47 所示，是月亮和礼物在第 130 帧和第 145 帧的相对位置。

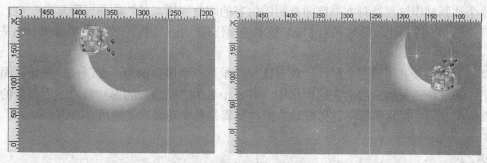

图 13-47　月亮和礼物在第 130 帧和第 145 帧处的位置

（8）将"礼物"层延长至 275 帧处并插入关键帧，并在 276 帧处插入一个空白关键帧，然后在 290 帧处再插入一个关键帧，这样自 276 帧到 290 帧处为空白帧，然后将帧延长至 340 帧。

（9）在小兔子图层的第 147 帧处插入一个空白关键帧，将"小兔子侧面 2"元件拖到此帧处，在第 166 帧处插入一个空白关键帧，将"动态花蓝伞"元件拖到此帧，在第 185 帧插入空白关键帧，将"展开画卷"元件和"静止花蓝伞"元件拖到此帧，然后将帧延长至 205 帧。此时【时间轴】面板如图 13-48。

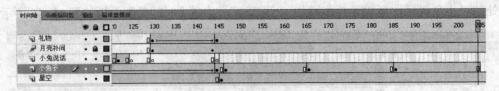

图 13-48   "动画"影片的【时间轴】面板

至此，影片剪辑"动画"就制作完成了。也就是整个动画中最为复杂的操作已经完成。

3. 设置主场景

（1）回到主场景，在"动画"图层的第 30 帧处将"动画"影片剪辑拖入舞台中，再导入一个有关生日的音乐文件，然后延长帧数到 370 帧。将"开始画面"图层也延长到 370 帧。

（2）新建一个图层位于所有层的下面，命名为"背景"， 在第 1 帧导入一张背景图片到舞台，并延长帧数到 370 帧，这样背景就出现在整个动画中了。此时【时间轴】面板如图 13-49 所示。

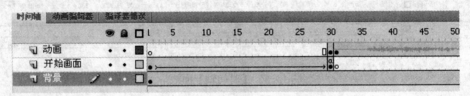

图 13-49   影片制作完成后的主场景【时间轴】面板

（3）至此，全部影片全部制作完成。将此文件保存为"电子贺卡.fla"。按快捷键 Ctrl+Enter，测试影片。

13.4   总结与提高

整个动画制作过程是对本书前面介绍的内容的综合应用，虽然制作过程复杂一些，但如果对前面的知识撑握比较熟练和对 Flash 基本的操作有一定基础后，做出此动画贺卡还是很容易的。

动画中主场景共用到三个层，主场景比较简单。三个层分别为：动画层、开始画面层和背景层。最复杂的是动画层，在这个层中，有一个名为"动画"的影片剪辑，大部分的动画操作都集中在这个影片剪辑中。做好这个影片剪辑是整个动画的关键所在。

习题

一、制作题

1. 制作一个简单的贺卡，要求有多个场景的交替变换，并随着歌声，出现相应的画面。

2. 设计一个具有一定故事情节的卡通动画短剧，主要是通过多个场景来变换角色和内容，也可以通过手动的按钮，来控制剧情的转换。

第14章 动态飞机

本例制作的动态效果是：在广阔的草原上，有三架飞机分别停在空中和草原上。当用鼠标单击飞机时，飞机将做出飞行动作，有飞落到草原上的，有飞向远方蓝天的。本例主要演示引导层的应用和鼠标事件的触发等。

14.1 动画原理

（1）利用影片剪辑制作动态的飞机螺旋桨效果；
（2）利用引导层制作飞机飞行的路线；
（3）学习使用 tellTarget 函数触发目标：

```
tellTarget(target){
statement;
}
```

其中，target 指定将要控制的影片剪辑实例名，statement 是对实例的操作。

14.2 制作步骤

（1）执行【文件】→【新建】命令新建一个文档，在【文档属性】对话框中，修改尺寸为 550 像素×400 像素、背景为白色，帧频为默认值 24 fps，如图 14-1 所示。

（2）执行【插入】→【新建元件】命令，打开【创建新元件】对话框，在【名称】文本框输入"yi"，【类型】设置为"影片剪辑"，如图 14-2 所示，单击【确定】按钮，进入影片剪辑编辑舞台。

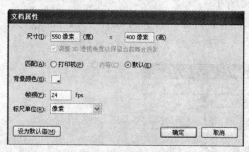

图 14-1 设置影片属性

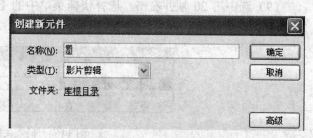

图 14-2 创建新元件

（3）单击图层 1 中第 1 帧，利用绘图工具栏中的"铅笔工具"在舞台中绘制一个垂直状态飞机螺旋桨图形，并用"颜料桶工具"填充颜色，此时第 1 帧变成关键帧，如图 14-3 所示。为垂直的螺旋桨。

（4）单击第2帧，执行【插入】→【插入关键帧】命令，或按F6键，第2帧变成关键帧，单击第2帧，在舞台上利用"任意变形工具"将螺旋桨沿垂直方向中心点旋转90°，如图14-4所示，为水平的螺旋桨。

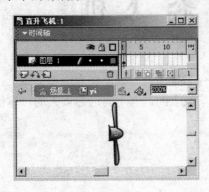

图14-3 垂直状态螺旋桨

图14-4 水平状态螺旋桨

（5）执行【插入】→【新建元件】命令，或在【库】面板上单击选项按钮，在弹出式菜单中选择【新建元件】命令，新建一个影片剪辑元件，命名为"ji"，如图14-5所示。

（6）在影片剪辑"ji"的编辑舞台上，利用绘图工具绘制一个飞机图形，并将"yi"元件拖放至舞台上，和飞机图形相拼放，如图14-6所示。

图14-5 创建影片剪辑元件

图14-6 绘制影片剪辑元件"ji"

（7）执行【插入】→【新建元件】命令，或在【库】面板上单击选项按钮，在弹出式菜单中选择【新建元件】命令，新建一个影片剪辑元件，命名为"fly1"。

（8）从【库】面板中选取影片剪辑"ji"，将其拖放到图层1第1帧的舞台上，并在图层1的第20帧处插入关键帧。【时间轴】面板如图14-7所示。

（9）选中第20帧并右击，选择快捷菜单中的【动作】命令，打开【动作-帧】面板，为20帧添加动作语句stop()。

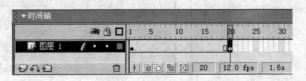

图14-7 插入关键帧

（10）右击时间轴上的图层1，执行【添加引导层】命令，为图层1添加一个引导层，并在引导层的第1帧绘制一条曲线作为飞机飞行的路线，如图14-8所示。在引导层的第20帧处按F5插入一个静态帧。右击图层1的第1帧，选择快捷菜单中的【创建传统补间】命令。

此时的【时间轴】面板如图 14-9 所示。

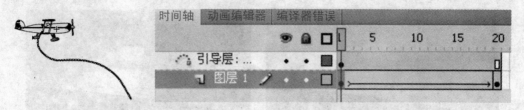

图 14-8　绘制飞机下落路线　　　　　　　　图 14-9　【时间轴】面板

（11）调整图层 1 第 20 帧中的飞机位置，按住中心点移至引导线的末端。

（12）按照步骤（7）～（11），新建影片剪辑"fly2"和"fly3"。需要注意的是，在绘制"fly2"和"fly3"中的引导线时应尽量和"fly1"中的引导线区分开。如图 14-10 所示分别是"fly2"和"fly3"中的引导线。

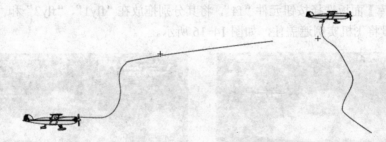

图 14-10　绘制影片剪辑"fly2"和"fly3"的引导线

（13）执行【插入】→【新建元件】命令，或在【库】面板上单击选项按钮 ，在弹出式菜单中选择【新建元件】命令，新建一个按钮元件，命名为"f4"，如图 14-11 所示。

（14）在按钮元件"f4"的编辑舞台上，单击选中"点击"帧，执行【插入】→【插入关键帧】命令，或按 F6 键，并在舞台上绘制一个能够覆盖"飞机"实例大小的矩形按钮，其他属性不作要求，按钮元件的【时间轴】面板如图 14-12 所示。

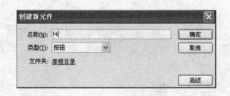

图 14-11　创建按钮元件　　　　　　　　图 14-12　按钮元件的【时间轴】面板

（15）单击舞台上方的 场景1 按钮，回到场景的编辑舞台，将图层 1 的名称修改为"bj"。

（16）单击选中图层"bj"第 1 帧，执行【文件】→【导入】命令，向动画库中导入一幅背景图片，如图 14-13 所示。将其作为动画的背景。

（17）在"bj"层上再新建一个图层，命名为"bk"，利用绘图工具给背景图片绘制一个矩形边框，增加视频效果，如图 14-14 所示。

（18）新增"图层 3"，命名为"fly"，单击"fly"图层的第 1 帧，分别将【库】面板中的"fly1"、"fly2"和"fly3"拖放在舞台的不同位置，从而生成了三个元件的实例。用户可以结合元件本身的引导线，来确定释放的位置，如蓝天，或草坪上。实例布局如图 14-15 所示。

图 14-13　导入背景图片

图 14-14　绘制背景边框

（19）分别单击舞台上的各个飞机实例，在【属性】面板中修改各实例名称为"fly1"、"fly2"和"fly3"。

（20）从【库】面板选择按钮元件"f4"，将其分别拖放在"fly1"、"fly2"和"fly3"上面，调整大小，尽量将飞机实例遮盖住，如图 14-16 所示。

图 14-15　实例布局

图 14-16　添加动作按钮

（21）分别为覆盖在"fly1"、"fly2"和"fly3"上面的按钮添加动作语句：

```
on (press)
{
 tellTarget("/fly1") {play(); }
}
on (press)
{
 tellTarget("/fly2"){play(); }
}
on (press)
{
 tellTarget("/fly3"){play(); }
}
```

（22）至此，整个影片的初步设计结束，按快捷键 Ctrl+Enter 测试影片，看到的最终效果是：当鼠标移到某架飞机上方并单击，这架飞机将按照设置的引导路线飞行。最后保存文档为"动态飞机.fla"。

14.3 总结与提高

本例主要是让用户熟悉鼠标事件的触发和动作命令的执行。另外，本例中还有很多值得用户去深化的地方，如在飞机飞行的过程中，飞机本身的变化。若某架飞机是从天空中飞落到地面，此时可以设置该帧补间动画【属性】中【简易】选项值来调整下落的速度。若设定为100，则飞机以很慢的速度停到地面上，比较符合逻辑。而对于起飞的飞机不仅可以调整速度，还可以调整最后一帧的大小和颜色，而且还可以设置成透明的淡化效果，从而加强飞出舞台的效果。

习题

一、简答题

1．如何实现补间动画在运动中的速度变化？

2．设置按钮元件时，"弹起"、"指针经过"、"按下"和"点击"这4帧分别描述鼠标的哪些动作？

二、制作题

1．制作一条在海底自由游动的小鱼，并且可以通过键盘来控制这条小鱼的移动方向。

2．利用动态文本、键盘事件及数学函数等方面的知识，制作一个简单的计算器。

3．结合第7章的有关知识，制作一个简易媒体播放器，要求有如下几个方面的功能：控制播放、调节音量、打开MP3文件及关闭播放器等。

第 15 章　Flash CS4 实例集锦

本例制作的是一个翻书效果，通过单击页面上设置的按钮进行自由的翻阅。在每个页面上有不同的内容展示，可以是单纯的文字，也可以是一些独立的影片效果，如水滴、自由落体的小球、遮罩等。

15.1　基本原理

（1）隐形按钮在影片制作中的灵活应用。

（2）通过对对象的中心点、缩放及变形等方面的编辑，来获得一些变化特效，如这里的翻书效果。

（3）动作语句 stop() 及 play() 的应用技术。stop() 为停止播放，play() 为开始播放。

（4）动作语句 gotoAndStop() 及 gotoAndPlay() 的应用技术。gotoAndStop() 为跳转到某帧并停止播放，而 gotoAndPlay() 为跳转到某帧并开始播放。

15.2　制作过程

新建一个 Flash 文档，在【文档属性】对话框中设置其帧频为 18fps；尺寸为 450 像素×300 像素；背景颜色设为白色。

执行【插入】→【新建元件】命令，设置【类型】选项为"图形"，【名称】为"cover"，用绘图工具栏中的"绘图工具"在舞台窗口绘出一本书的封面，将封面的颜色填充为线性填充，色彩设置如图 15-1 所示。使左上角对齐舞台的中心点，书封面的效果如图 15-2 所示。

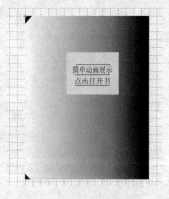

图 15-1　渐变颜色　　　　　　　　　图 15-2　对齐舞台

在"cover"元件的【时间轴】面板中新建两个图层，分别命名为层"cover"和层"text"，其中层"text"用于放入书面文字。

　　制作书的内页。执行【插入】→【新建元件】命令或按快捷键 Ctrl+F8，设置【类型】选项为"图形"，【名称】为"page"。用绘图工具栏中的"矩形工具"绘制大小和"cover"相等的矩形，并使左上角对齐舞台的中心点。

　　制作水滴波纹效果。执行【插入】→【新建元件】命令或按快捷键 Ctrl+F8，设置【类型】选项为"图形"，【名称】为"shuid"，通过绘图工具栏中的"绘图工具"制作出水滴的图形，如图 15-3 所示。

　　执行【插入】→【新建元件】命令或按快捷键 Ctrl+F8，设置【类型】选项为"影片剪辑"，【名称】为"bo"，在这个元件中用绘图工具栏中的"椭圆工具"画一个只有边框的空心椭圆图形，在第 30 帧处插入关键帧并将空心椭圆放大一定的比例。两帧分别如图 15-4 所示。

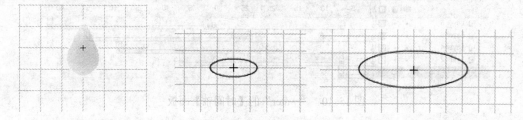

图 15-3　水滴波纹效果　　　　　　图 15-4　第 1、30 帧图形

　　选中第 1 帧右击，在快捷菜单中选择【创建传统补间】命令。【时间轴】面板如图 15-5 所示。这样就形成水波的扩散效果，如图 15-6 所示。

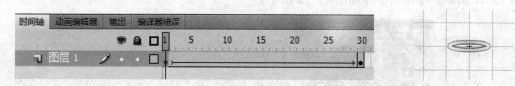

图 15-5　创建渐变动画　　　　　　图 15-6　水波的扩散效果

　　执行【插入】→【新建元件】命令或按快捷键 Ctrl+F8，设置【类型】选项为"影片剪辑"，【名称】为"water"。在【库】面板中，将元件"shuid"放入第 1 层中的第 1 帧，在第 7 帧处插入关键帧，将第 7 帧处的元件"shuid"垂直向下移动一段距离。右击第 1 帧，选择快捷菜单【创建传统补间】命令，创建传统补间动画。"water"的【时间轴】面板如图 15-7 所示。

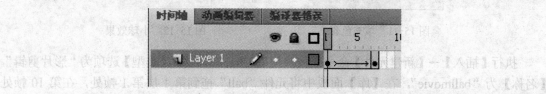

图 15-7　"water"的【时间轴】面板

　　新建 5 个图层，在第 2 层的第 7 帧处插入关键帧，并将影片剪辑"bo"放入舞台中，调整位置到第 1 层的"shuid"元件正下方，如图 15-8 所示。在第 37 帧处插入关键帧，回到该层第 7 帧处右击，选择快捷菜单中的【创建传统补间】命令，创建传统补间动画。"water"的【时间轴】面板如图 15-9 所示。

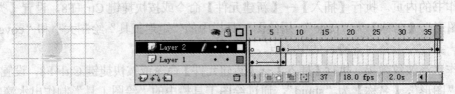

图 15-8   "bo"放入舞台   图 15-9   "water"的【时间轴】面板

用同样的方法，将后面的第 4 层与第 2 层进行同样的设置。"water"的【时间轴】面板如图 15-10 所示。

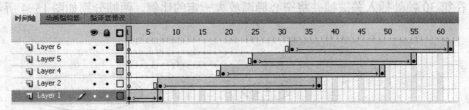

图 15-10   "water"的【时间轴】面板

制作一个小球的运动效果。执行【插入】→【新建元件】命令或按快捷键 Ctrl+F8，设置【类型】选项为"图形"，【名称】为"ball"，按住 Shift 键的同时，使用绘图工具栏中的"椭圆工具"，在舞台中画出一个正圆，将圆的边框删除，将填充色变为"放射状"。【颜色】面板如图 15-11 所示。绘制的小球如图 15-12 所示。

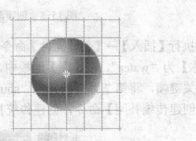

图 15-11   填充色彩   图 15-12   小球效果

执行【插入】→【新建元件】命令或按快捷键 Ctrl+F8，设置【类型】选项为"影片剪辑"，【名称】为"ballmovie"，在【库】面板中将元件"ball"拖到第 1 层第 1 帧处，在第 10 帧处插入一个关键帧，将"ball"在垂直方向向下移动一段距离。复制第 1 帧，在第 20 帧处插入一个空白关键帧，并进行粘贴。

选中第 1 帧，执行【窗口】→【动作】命令或按快捷键 F9，打开【动作-帧】面板，设置"动作"脚本为"stop();"，将第 20 帧的"动作"脚本设为"gotoAndPlay(2);"。在第 1 和 10 帧之间右击，选择快捷菜单中的【创建传统补间】命令，创建传统补间动画。这样就形成小球循环上下移动的效果。【时间轴】面板如图 15-13 所示。

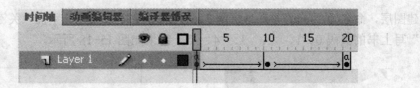

图 15-13　【时间轴】面板

执行【插入】→【新建元件】命令或按快捷键 Ctrl+F8，设置【类型】选项为"影片剪辑"，【名称】为"light"，在编辑窗口中再新建一图层，在第 1 层中使用"文本工具"，输入"探照灯效果展示"文字，并将帧延长到 30 帧处。

在第 2 层中使用"椭圆工具"按住 Shift 键，画出一个正圆形。要刚好遮住下面的"探"字，将该圆形按快捷键 Ctrl+G 进行组合。效果如图 15-14 所示。

图 15-14　遮罩效果

在该层第 15 帧处插入关键帧，将圆形移动到"示"字上，复制第 2 层的第 1 帧，在 30 帧处粘贴帧，在该层的第 1 帧和 15 帧之间右击，选择快捷菜单中的【创建传统补间】命令，用相同的方法，在 15 帧和 30 帧之间创建传统补间动画。将该层的层属性设置为"遮罩层"，通过遮罩功能展示出探照灯的效果。【时间轴】面板如图 15-15 所示。

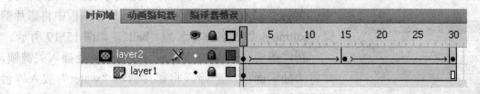

图 15-15　设置遮罩层

创建隐形按钮。执行【插入】→【新建元件】命令或按快捷键 Ctrl+F8，设置【类型】选项为"按钮"，【名称】为"button"，选取"点击"帧，按 F7 键插入一个空白关键帧，在舞台窗口用"矩形工具"画一个长方形。【时间轴】面板如图 15-16 所示。

图 15-16　【时间轴】面板

执行【插入】→【新建元件】命令或按快捷键 Ctrl+F8，设置【类型】选项为"影片剪辑"，【名称】为"pages"，将"图层 1"命名为"book"，将第 1 帧设为空白关键帧，并打开【动作-帧】面板，设置"动作"脚本为"stop();"。

在第 2 帧处按 F7 插入空白关键帧，从元件【库】中将图形元件"cover"拖放到舞台上，使元件左上角和舞台中心点对齐。同样将隐形按钮"button"拖放到舞台中，并利用缩放工具将按钮大小拉伸到和"cover"同样的大小并覆盖在"cover"上方。效果如图 15-17 所示。

在第 3 帧中分别按 F7 插入空白关键帧，将图形元件"page"放置在舞台内，并和图形元件"cover"对齐。再分别设置 4 至 8 帧为关键帧。

　　新建图层，命名为"num"，在该层的 3、4、5、6、7、8 帧处分别插入关键帧，利用"文本工具"写上书的页码 0、1、　2、　3、　4、　5。效果如图 15-18 所示。

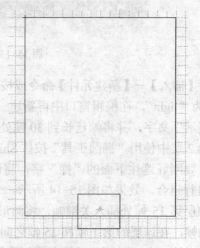

图 15-17　调整"button"按钮　　　　　　　　图 15-18　设置页码

　　新建图层，命名为"ball"，在第 5 帧处插入关键帧，并将该帧后面的帧删除，将影片剪辑"ballmovie"放在合适的位置，在【属性】面板中将影片剪辑"ballmovie"的名称命名为"ball"，如图 15-19 所示。

图 15-19　设置影片剪辑

　　新建图层，命名为"water"，在第 6 帧处插入关键帧，并将该帧后面的帧删除，将影片剪辑"water"放入舞台的适当位置。

　　新建图层，命名为"light"，在第 7 帧处插入关键帧，并将该帧后面的帧删除，将影片剪辑"light"放入舞台的适当位置。

　　新建图层，分别命名为"text"、"page-but"、"ball-but"。其中在图层"text"中书写文字，而图层"page-but"、"ball-but"中将隐形按钮放入到对应的文字上。在图层"page-but"的第 4、6 帧处插入关键帧，制作书本的向后翻页按钮"下一页"，放置在书页的右下角。在第 5 帧、第 7 帧处插入关键帧，制作书本的向前翻页按钮"前一页"，放置在书页的左下角。在第 8 帧处制作关闭书本的按钮"结束"，放置在书页的中央位置。作用是当按下此按钮时书本关上，返回到初始状态。在图层"ball-but"的第 5 帧处插入关键帧，制作小球的"演示"和"停止"按钮。三个按钮的效果如图 15-20 所示。此时【时间轴】面板如图 15-21 所示。

图 15-20　设置动作按钮　　　　　　　　　图 15-21　【时间轴】面板

　　执行【插入】→【新建元件】命令，设置【类型】选项为"影片剪辑"，【名称】为"book"，帧长度为 37 帧。将图层命名为"conver"，将图形元件"cover"放置在舞台内，左上角和舞台中心点对齐。效果如图 15-22 所示。在第 2 帧处插入空白关键帧，使第 2 至 37 帧为空白关键帧。【时间轴】面板如图 15-23 所示。

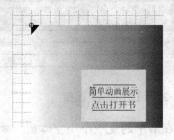

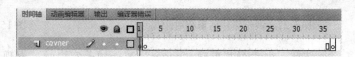

图 15-22　在舞台中创建元件"cover"实例　　　　图 15-23　【时间轴】面板

　　新建图层，命名为"rightflip"，将影片剪辑"pages"放置在舞台内，和舞台中心点对齐。如图 15-24 所示。并在【属性】面板中将影片剪辑"pages"的实例名命名为"rightflip"，如图 15-25 所示。

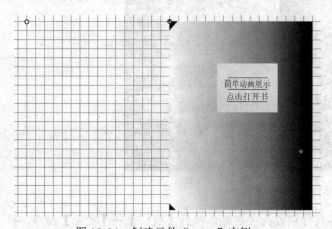

图 15-24　创建元件"pages"实例　　　　　图 15-25　设置实例"rightflip"

　　注意：因为影片剪辑"pages"第 1 帧为空白帧，所以在舞台上只能看到一个小空心圆。

　　在图层"rightflip"下方新建图层"leftflip"，【时间轴】面板如图 15-26 所示。将影片剪辑"pages"放置在舞台内，并在【属性】面板中将实例名命名为"leftpage"。

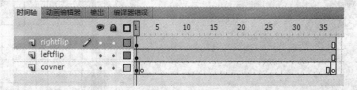

图 15-26　【时间轴】面板

　　注意：实例名为"leftpage"和"rightflip"的影片剪辑"pages"在同一水平线上，两者之间相距一本书的距离。当这本书打开以后，左边的效果要由"leftpage"完成，所以位置一定要放好，如图 15-27 所示。

在图层"rightflip"上方新建图层"leftflip"。将影片剪辑"pages"放置在舞台内，和"rightflip"完全重合，并将其实例名命名为"leftflip"，这层主要用来表现翻页效果。【时间轴】面板如图 15-28 所示。

图 15-27   调整影片剪辑相对距离   图 15-28   【时间轴】面板

注意： 由于影片剪辑"pages"第一帧是空白帧，表现在层中的是一个小空心圆，效果不直观。这时如果先将"pages"元件的第 1 帧删除，就能更直观的调整效果了，当然在做好影片剪辑"book"后，一定要将第 1 帧还原为原来设置。两元件位置如图 15-29 所示。

图 15-29   元件位置

选中第 2 帧和第 9 帧，按 F6 键将其分别设为关键帧。执行【窗口】→【变形】命令，打开【变形】面板。【变形】面板的设置如图 15-30 所示。将第 9 帧处的"pages"元件的水平缩放设置为"85%"，垂直变形设置为"−85"，效果如图 15-31 所示。

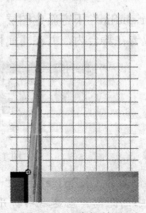

图 15-30   【变形】面板设置   图 15-31   中间效果

在第 10 帧处按 F7 键插入空白关键帧，将影片剪辑"pages"放置在舞台上，与第 2 帧的右边的一本书完全重合，分别选中第 18、19、20、29 帧，并按 F6 键设置为关键帧，将第 10、29 帧处"pages"元件的【变形】设置为：水平缩放"85%"；垂直变形"75"。【变形】面板的设置如图 15-32 所示，元件效果如图 15-33 所示。

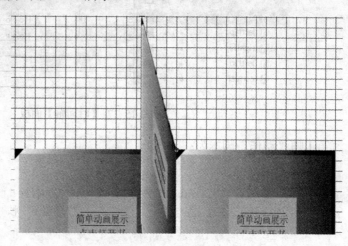

图 15-32　【变形】面板设置　　　　　　　　　　图 15-33　元件效果

将第 19 帧的影片剪辑"pages"拖放到舞台外，如图 15-34 所示。

将第 36 帧处"pages"元件的【变形】设置为：水平缩放"99.7%"；.垂直变形"-13"。【变形】面板的设置如图 15-35 所示。

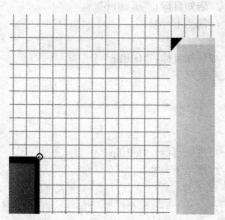

图 15-34　将影片剪辑"pages"拖放到舞台外　　　　图 15-35　【变形】面板设置

将第 2 至 9 帧，10 至 18 帧，20 至 29 帧，30 至 36 帧之间帧动画设置为"传统补间动画"，如图 15-36 所示。

图 15-36　创建传统补间动画

新建图层，命名为"as"，在第 1、2、10、18、19、20、29、37 帧处插入关键帧。分别在各个帧的【动作-帧】面板中设置其"动作"脚本。【时间轴】面板如图 15-37 所示。

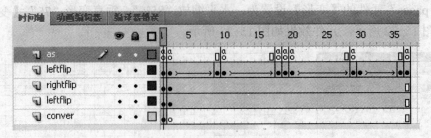

图 15-37 【时间轴】面板

第 1 帧"动作"脚本为：

```
stop ();                        //停止
tellTarget ("rightflip") {      //告知目标（"rightflip"）
nextFrame ();                   //跳至下一帧
}
```

第 2 帧"动作"脚本为：

```
tellTarget ("rightflip") {      //告知目标（"rightflip"）
nextFrame ();                   //跳至下一帧
}
tellTarget ("rightflip") {      //告知目标（"rightflip"）
nextFrame ();                   //跳至下一帧
}
tellTarget ("leftflip") {       //告知目标（"leftflip"）
nextFrame ();                   //跳至下一帧
}
```

第 10 帧"动作"脚本为：

```
tellTarget ("leftflip") {       //告知目标（"leftflip"）
nextFrame ();                   //跳至下一帧
}
```

第 18 帧"动作"脚本为：

```
tellTarget ("leftpage") {       //告知目标（"leftpage"）
nextFrame ();                   //跳至下一帧
}
tellTarget ("leftpage") {       //告知目标（"leftpage"）
nextFrame ();                   //跳至下一帧
}
```

第 19 帧"动作"脚本为：

```
stop ();                        //停止
```

第 20 帧 "动作" 脚本为：

```
tellTarget ("leftpage") {        //告知目标 ("leftpage")
prevFrame ();                    //跳至上一帧
}
tellTarget ("leftpage") {        //告知目标 ("leftpage")
prevFrame ();                    //跳至上一帧
}
```

第 29 帧 "动作" 脚本为：

```
tellTarget ("leftflip") {        //告知目标 ("leftflip")
prevFrame ();                    //跳至上一帧
}
```

第 37 帧 "动作" 脚本为：

```
tellTarget ("leftflip") {        //告知目标 ("leftflip")
prevFrame ();                    //跳至上一帧
}
stop ();                         //停止
tellTarget ("rightflip") {       //告知目标 ("rightflip")
prevFrame ();                    //跳至上一帧
}
tellTarget ("rightflip") {       //告知目标 ("rightflip")
prevFrame ();                    //跳至上一帧
}
```

回到影片剪辑 "pages"，在图层 "book" 的第 2 帧处，选中舞台中的按钮 "button" 打开【动作-帧】对话框，设置 "动作" 脚本如下：

```
on (release) {                   //当鼠标放开
tellTarget ("..") {              //告知目标 ("..")
gotoAndPlay (2);                 //跳至并播放第 2 帧
}
}
```

注意：因在影片剪辑 "book" 中使用 "pages"，所以目标("..")表示告知影片剪辑 "book"。

在图层 "page-but" 中，分别设置按钮的 "动作" 脚本如下：
将第 4 帧按钮 "下一页" 的 "动作" 脚本设置为：

```
on (release) {                   //当鼠标放开
tellTarget ("..") {              //告知目标 ("..")
gotoAndPlay (2);                 //跳至并播放第 2 帧
}
}
```

第 5 帧按钮 "前一页" 的 "动作" 脚本设置为：

```
on (release) {                    //当鼠标放开
tellTarget ("..") {               //告知目标（".."）
gotoAndPlay (20);                 //跳至并播放第20帧
}
}
```

第6帧按钮"下一页"的"动作"脚本设置为：

```
on (release) {                    //当鼠标放开
tellTarget ("..") {               //告知目标（".."）
gotoAndPlay (2);                  //跳至并播放第2帧
}
}
```

第7帧按钮"前一页"的"动作"脚本设置为：

```
on (release) {                    //当鼠标放开
tellTarget ("..") {               //告知目标（".."）
gotoAndPlay (20);                 //跳至并播放第20帧
}
}
```

第8帧按钮"关闭"的"动作"脚本设置为：

```
on (release) {                    //当鼠标放开
tellTarget ("../leftpage") {      //告知目标（"../leftpage"）
gotoAndStop (1);                  //跳至并停止在第1帧
}
tellTarget ("../leftflip") {      //告知目标（"../leftflip"）
gotoAndStop (2);                  //跳至并停止在第二帧
}
tellTarget ("../rightflip") {     //告知目标（"../rightflip"）
gotoAndStop (4);                  //跳至并停止在第4帧
}
tellTarget ("..") {               //告知目标（".."）
gotoAndPlay (32);                 //跳至并播放第32帧
}
}
```

这样，当按下按钮"下一页"时，产生向后翻页动作，当按下按钮"前一页"时，产生向前翻页动作，按下按钮"关闭"时，回到初始状态。

在影片剪辑"pages"中，选中图层"ball-but"的第5帧，将按钮"button"的两个实例（"演示小球的运动"和"停止小球的运动"）分别设置"动作"脚本为：

```
on (release) {
    tellTarget ("../leftpage/ball") {    //告知目标（"../leftpage/ball"）
        play();                          //播放
    }
```

```
    }
on (release) {
    tellTarget ("../leftpage/ball") {    //告知目标（"../leftpage/ball"）
        stop();                          //停止
    }
}
```

单击舞台上方的 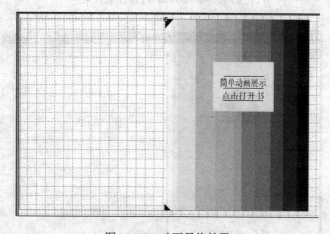 按钮，回到主场景编辑舞台中，将影片剪辑"book"放置在场景中，摆放至适当位置。为了能够有一个进场的效果，建立一个由场外移动到场内的移动渐变，在第 1 帧处将影片剪辑"book"放在舞台的外面，在第 15 帧处插入关键帧，并将帧的"动作"设为停止"stop();"，将"book"移到舞台的中间，在第 1 帧和第 15 帧之间创建传统补间动画。这样就有了一个进场的效果。动画最终效果如图 15-38 所示。

图 15-38　动画最终效果

保存文档为"效果集锦.fla"。按快捷键 Ctrl+Enter 测试效果。当然输出效果是在内页里添加了一些图形后形成的，可以在影片剪辑"page"中另外放一些画面，还可以新增加其他方面的内容，页数也可以设定。如图 15-39、图 15-40、图 15-41、图 15-42 所示，为最终影片中的部分画面。

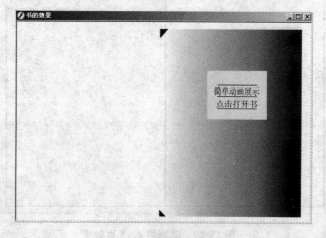

图 15-39　动画的封面效果

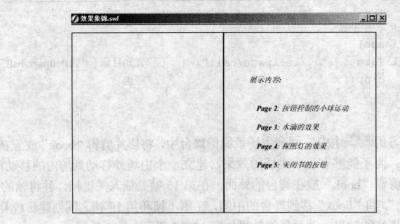

图 15-40　动画的内容目录效果

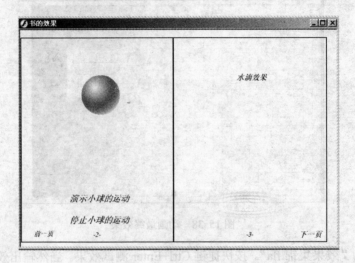

图 15-41　动画的 2、3 页效果

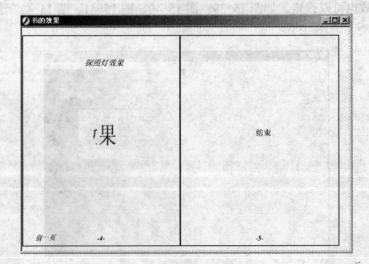

图 15-42　动画的 4、5 页效果

15.3　总结与提高

　　本例涉及的知识点较多，用户应认真细致地做好每一步。通过以上的操作，对 Flash CS4 的基础应用应该更加得心应手。本例给出的是展示效果的一种，只要用户稍加延伸，就可以将其作为一个效果不错的课件工具。例如，可以给每个按钮或其他每个动作都添加一些声效，为整体的画面增添一些美工效果。用户在掌握了一些基本的动画制作方法后，举一反三，勤加练习，相信动画制作水平一定会有很大的进步，并能够创作出经典的动画来。

习题

　　1．按照本章的动画设计原理与思想，设计一个具有动态效果的电子相册，具体的打开、翻页、关闭等动态效果，创意要力求新颖、特别。

　　2．设计一个简单的个人网站，要有多项内容的分类页面，并力求页面上元素丰富，如图片、文字及其他特效等。

第 16 章　《蜗牛》MTV 的制作

自从网上出现用 Flash 做的动画歌曲后，越来越多的朋友迷上了这种创作方式。用 Flash 制作的 MTV 与电视上看到的 MTV 不同，因为 Flash 是基于矢量技术，主要用于网络传输，不可能在其中加入大量位图或视频。因此，可以把 Flash 动画理解为一个动画片，是由音乐配合一定的画面来完成的。当然，可能还需要适当的字幕。

在制作中要考虑 MTV 影片中场景的搭配，与音乐的衔接以及画面的美感。目前用 Flash 创作的 MTV 大体可分为两大类：一类是通过不断变化的画面（图片文字等）配合音乐达到效果，另一类是以人物来（人物通常为卡通式）表现的方式，通过人物的动作、表情等来配合音乐、歌词等。其中以人物来表现的方式较为复杂，首先要求作者有较高绘画基础，因为这些特定的元素很难在素材库中找全，需要作者自己绘制，其次要求作者具有较高的 Flash 技术能力。例如，一个较好的 MTV 作品要考虑很多诸如控制项、按钮跳转、场景切换及脚本语言等因素。对于初学者来说，要制作一个完整的 MTV 肯定会存在一定困难的，所以没必要把整首歌曲都做完，可选择其中精华的片段并根据自身情况来设定时间。

本例 MTV 的音乐文件就只选歌曲《蜗牛》中的一段。在 MTV 的制作中常常使用流式音频作为声音的触发方式 并且只用一个主场景来放置所有的音乐和动画。本例将按照动画的几个主画面来逐步讲解 MTV 的具体制作方法。

16.1　Flash MTV 创作的基本流程

1．选择歌曲阶段

歌曲的选择可视情况而定，完全可根据自己的爱好来定。

2．解析歌曲阶段

选择了一首歌曲，就要考虑到全局动画了，毕竟选择的歌曲和动画要做到内容一致，这样，才能准确表达歌曲的意境。接下来，就是要将歌曲导入 Flash 中。而歌曲无外乎 MP3 和 WAV 格式，这是最普及的音乐格式了。

3．编写剧本阶段

这一阶段是至关重要的，一部好的作品之所以能吸引观众，就在于其中的内容能够打动观众。在写剧本时，一定要把握好歌曲的内容及所要表达的思想，要用动画将歌曲的意境表达出来。也许会为一个故事而苦心寻找合适的歌曲，也许会为一首动人的歌曲而费心去编故事，总之，动画和歌曲必须一致，这样才能达到吸引观众、打动观众的目的。

4．准备素材阶段

在编写好剧本及构思动画后，就要为其中的素材而奔波了。如果是图片展示型，可能需要搜寻到大量的相关图片，而如果是手绘动画型，则要赋予角色鲜明的个性及在整个动画中贯穿始终，还要绘制大量的场景以衬托全局。一般目前动画制作都以主角为矢量动画，而背景则采用处理后的像素图片,这也是专业的动画制作模式,背景多在 Photoshop 中绘制加工,再在 Flash 中进行变化上的处理。而主角则是在 Flash 中完成几乎全部动作,这样就是标准的模式了。之后要做的就是将一段一段的小动画连贯整合成一个完整动画了。

5.整合动画阶段

将歌曲置入场景的一个图层中,并在【属性】面板中将【同步】设置为"数据流",就是将歌曲作为音乐流的意思。制作 MTV 的话"数据流"是首选,因为 MTV 的歌曲要与动画的进度紧凑结合,如果想要 MTV 配上歌词,那么就按照歌曲的进度写上去,这时数据流的优势就体现出来了。

6.调试发布阶段

在完成了一系列的制作后,作品就算是大功告成了,按 Ctrl+Enter 键可以测试最终的效果。哪里有不妥之处,可以再做一些细节上的修改,一部完整的动画就全部完成了。

16.2 制作过程

1.MTV 声音的处理

音乐准备好后,就可将其导入 Flash 文件中并进行处理。本例中声音处理的具体操作步骤如下:

(1)执行【文件】→【新建】命令,创建一个新的文档,并在【文档属性】对话框中设置文档【尺寸】为 550 像素×400 像素,颜色为黑色,帧的速度为 12fps,如图 16-1 所示。

(2)执行【文件】→【导入】→【导入到舞台】命令或按快捷键 Ctrl+R,打开【导入】对话框,如图 16-2 所示,导入一首有关蜗牛的歌曲文件。以"蜗牛.mp3"歌曲文件为例,将其导入到舞台。导入后的文件会存放在【库】面板中。

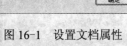

图 16-1 设置文档属性

图 16-2 【导入】对话框

(3)将图层 1 命名为"音乐",选中该层的第 1 帧,在【库】面板中将"蜗牛"的声音文件拖到舞台添加到该帧中,在【属性】面板的【同步】下拉列表中选择触发方式为"数据流","声音"的【属性】面板设置如图 16-3 所示。

(4)在【效果】下拉菜单中选择"无"声音效果,如图 16-4 所示。

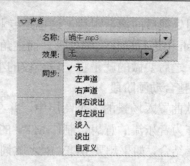

图 16-3　声音面板中【同步】选项的设定　　　　　图 16-4　选择声音效果

2．制作歌曲前奏部分的动画

歌曲前奏部分的动画主要用于显示歌名和演唱者等内容，前奏部分的动画具体制作如下。

（1）新建一个图形元件，命名为"爬行的蜗牛"。在其编辑界面中，利用工具箱中的"铅笔工具"绘制一个如图 16-5 所示的蜗牛。

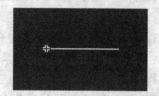

图 16-5　绘制"爬行的蜗牛"元件　　　　　图 16-6　绘制"轨迹"元件

（2）用"直线工具"绘制一条如图 16-6 所示的直线，右击，在快捷菜单中选择【转换为元件】命令，将其转换为元件，并命名为"轨迹"。

（3）新建一个图形元件，命名为"文字"。使用工具箱中的"文本工具"，在其编辑界面中输入如图 16-7 所示的文字。

（4）制作一个能盖住文字的白色矩形，将其转换为图形元件，并命名为"矩形"，如图 16-8 所示。

图 16-7　制作"文字"图形元件　　　　　图 16-8　制作"矩形"图形元件

（5）新建一个图形元件，命名为"演唱者"。在其编辑界面中用"文本工具"输入"演唱者：许茹芸、齐秦、熊天平、动力火车"，用"选择工具"将输入的文本选定，连续两次按快捷键 Ctrl+B 将文字打散，再用"选择工具"选定文字的左半部分，填充为白色，再选定右半部分填充为红色，如图 16-9 所示。

（6）新建一个图形元件，命名为"歌名"。在其编辑界面中用"文本工具"输入"蜗牛"，如图 16-10 所示。

（7）新建一个图形元件，命名为"矩形 1"。 在其编辑界面中用"矩形工具"绘制一个能盖住"蜗牛"元件的白色矩形，如图 16-11 所示。

图 16-9 "演唱者"图形元件　　　图 16-10 "歌名"图形元件　　　图 16-11 "矩形 1"图形元件

（8）新建一个"影片剪辑"元件，命名为"曲目"。在其编辑界面中，首先新建 5 个图层，分别命名为"矩形 1"、"歌名"、"歌名 1"、"歌名 2"、"歌名 3"。然后分别将"矩形 1"和"歌名"图形元件拖到对应的图层中，再将这两层的时间轴均延长至第 50 帧。

（9）分别在这两层的第 7 帧按下 F6 键插入关键帧，然后将"歌名"图层的第 7 帧的"歌名"元件放大；将"矩形 1"图层第 1 帧中的矩形缩至最小，透明度设置为 0%，在第 7 帧将"矩形 1"元件放大，至能覆盖住"歌名"图层中第 7 帧的文字，透明度设置为 0%。如图 16-12 所示。最后分别在这两层的两关键帧之间创建传统补间动画。

（10）在"矩形 1"和"歌名"图层之间新建 3 个图层，然后选中"歌名"图层的第 1～7 帧，按快捷键 Ctrl+Alt+C 进行复制，再分别以递减状态粘贴到新建图层中，最后将这 3 个图层末尾关键帧中的元件透明度分别调整为 70%、40% 和 15%，此时【时间轴】面板如图 16-13 所示。

图 16-12 第 7 帧"矩形"和"歌名"元件

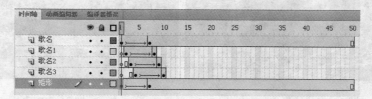

图 16-13 影片剪辑"曲目"的时间轴

至此，"曲目"影片剪辑制作完成。

3．制作场景

制作完前奏部分动画后，接下来就要根据歌词内容制作各场景的动画了。本例用到了 17 个场景画面，每个场景画面都是使用工具箱中的"铅笔工具"来绘制的。下面先来制作这些场景画面，为后面动画的制作做好准备。

（1）新建一个图形元件，命名为"场景 1"。进入其编辑模式后用"铅笔工具"来绘制，如图 16-14 所示。

（2）用同样的方法创建场景 2～场景 17 的图形元件，如图 16-15～图 16-30 所示。

图 16-14　场景 1

图 16-15　场景 2

图 16-16　场景 3

图 16-17　场景 4

图 16-18　场景 5

图 16-19　场景 6

图 16-20　场景 7

图 16-21　场景 8

图 16-22　场景 9

图 16-23　场景 10

图 16-24　场景 11

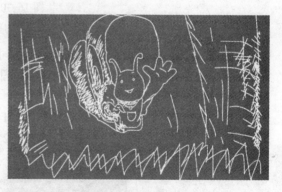

图 16-25　场景 12

图 16-26　场景 13

图 16-27　场景 14

图 16-28　场景 15

图 16-29　场景 16

图 16-30　场景 17

4．制作 MTV 歌词

场景制作完后，下面就要为场景配上歌词。在制作 MTV 时，歌词与歌曲的同步也是一个比较棘手的问题。用户可以将每一句歌词都制作成一个图符，这样不仅方便调用，还不容易出错。下面来制作歌词的图形元件。

（1）新建一个图形元件，命名为"歌词 1"。进入其编辑模式后，选择"文本工具"并在其【属性】面板中设置字体为"楷体_GB2312"，字号为 30，颜色为白色，然后在编辑区中心位置输入第一句歌词，如图 16-31 所示。

该不该搁下重重的壳

图 16-31　歌词 1

（2）按照相同的方法将每一句歌词都制作成一个图形元件，在这里只制作第一段的歌词元件，有兴趣的读者可以将其余的歌词也做出来。第一段共十二句歌词，每句歌词的图形元件分别如图 16-32～图 16-42 所示。

寻找到底哪里有蓝天　　　**随着轻轻的风轻轻的飘**

图 16-32　歌词 2　　　　　　　　　图 16-33　歌词 3

历经的伤都不感觉疼

图 16-34 歌词 4

我要一步一步往上爬

图 16-35 歌词 5

等待阳光静静看着他的脸

图 16-36 歌词 6

小小的天有大大的梦想

图 16-37 歌词 7

重重的壳裹着轻轻的仰望

图 16-38 歌词 8

我要一步一步往上爬

图 16-39 歌词 9

任风吹干流过的泪和汗

图 16-40 歌词 10

在最高点乘着叶片往前飞

图 16-41 歌词 11

总有一天我有属于我的天

图 16-42 歌词 12

5. 制作主场景动画

主场景动画的制作是本章最复杂、最烦琐的部分，在这一部分的制作过程中需要细心认真。

（1）MTV 歌词图形元件制作完成后，返回到主场景，新建一个图层，使其位于"音乐"图层的下方，并命名为"文字"。在该图层的第 1 帧，在【库】面板中将做好的"文字"图形元件拖到舞台并放置在舞台的适当位置，如图 16-43 所示。

生活的繁忙，工作的压力
使我们不停的向前爬行
我们就好像蜗牛
背载着重重的外壳在前行
什么时候
我们才能卸下重重的外壳
拥有一片属于自己的天空

图 16-43 文字元件

（2）在"文字"图层的上方再新建一个图层，命名为"遮照"。选中第一帧，将"矩形"元件拖到舞台中，放置在文字的位置，然后将该矩形缩小至最小，并使其位于文字的上方，如图 16-44 所示。

（3）在第 200 帧处插入关键帧，将"矩形"元件再放大至能全部覆盖住文字，如图 16-45 所示。在两关键帧之间创建传统补间动画。右击该图层，选择快捷菜单中的【遮照】命令，将该图层转换为遮照层。在"文字"图层的第 200 帧处按 F5 键延长帧。

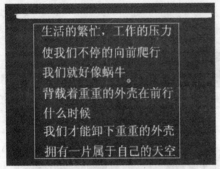

图 16-44　第 1 帧"矩形"和"文字"的位置　　图 16-45　第 200 帧"矩形"和"文字"的位置

（4）在"遮照"层的上方新建一个图层，命名为"轨迹"。在第 1 帧将【库】面板中的"轨迹"元件拖到舞台中。在"轨迹"图层的上方新建一个图层，命名为"爬行"，将【库】面板中的"爬行"元件拖到舞台中，两元件的放置位置如图 16-46 所示。

（5）分别在"轨迹"和"爬行"图层的第 200 帧处插入关键帧，在该帧处分别将"轨迹"和"爬行"元件放置在如图 16-47 所示的位置。

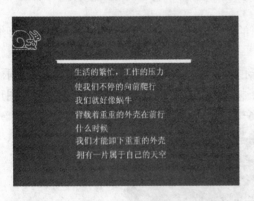

图 16-46　第 1 帧"轨迹"和"爬行"元件的位置　　图 16-47　第 200 帧"轨迹"和"爬行"元件的位置

（6）分别在两图层的两关键帧之间创建传统补间动画。此时的时间轴如图 16-48 所示。

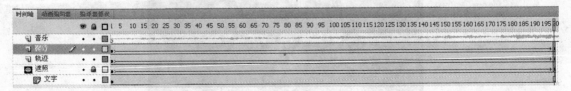

图 16-48　时间轴

（7）新建一个图层，命名为"曲目"。在该层的第 201 帧处插入关键帧，从【库】面板中将影片剪辑"曲目"拖到舞台中，放在舞台的中央。在第 215 帧处插入关键帧，从【库】面板中将"演唱者"图形元件拖到舞台，放在如图 16-49 所示的位置。

图 16-49　"曲目"、"演唱者"元件的位置

（8）新建图层，命名为"歌词"。单击"音乐"图层的第 1 帧，然后按 Enter 键，仔细听第一句歌词开始的位置，当声音播放到第一句歌词时，用鼠标快速单击"歌词"图层中的那一帧，使声音在该帧停止，然后按 F7 键，在此处插入一个空白关键帧，将【库】面板中的"歌词 1"元件拖到舞台中并放置好位置（场景下方的正中间），如图 16-50 所示。

图 16-50　"歌词 1"元件的位置

（9）接着按 Enter 键，继续听第一句歌词结束的位置，当声音播放到第一句歌词结束的那一帧时，单击"歌词"图层中的那一帧，按 F6 键插入关键帧。

（10）再按 Enter 键，继续听第二句歌词开始的位置，用鼠标快速单击"歌词"图层中的那一帧，按 F7 键插入空白关键帧，并将"歌词 2"元件拖到舞台中需要放置的位置，本例中第一句歌词开始的位置是第 383 帧，结束的位置是第 450 帧，第二句歌词开始的位置是第 462 帧，此时【时间轴】面板如图 16-51 所示。

图 16-51　"歌词"时间轴

（11）按照第 8 到第 10 步的方法，将所剩下的歌词制作完成，此处不再详细讲解，只将剩下的每句歌词在时间轴中的开始帧和结束帧罗列如下。

第 2 句歌词结束帧为第 540 帧；第 3 句歌词开始帧为第 545 帧，结束帧为第 620 帧；第 4 句歌词开始帧为第 630 帧，结束帧为第 695 帧；第 5 句歌词开始帧为第 762 帧，结束帧为第 825 帧；第 6 句歌词开始帧为第 833 帧，结束帧为第 905 帧；第 7 句歌词开始帧为第 915 帧，结束帧为第 990 帧；第 8 句歌词开始帧为第 1000 帧，结束帧为第 1115 帧；第 9 句歌词开始帧为第 1120 帧，结束帧为第 1158 帧；第 10 句歌词开始帧为第 1163 帧，结束帧为第 1255 帧；第 11 句歌词开始帧为第 1260 帧，结束帧为第 1322 帧；第 12 句歌词开始帧为第 1333 帧，结束帧为第 1425 帧。

添加完歌词后，根据歌词来添加歌词所对应的场景。

（12）先制作前奏部分的场景，这一部分的制作比较简单。在"曲目"图层的上方新建一个图层，命名为"场景 1"。在第 230 帧处插入关键帧，将"场景 1"图形元件拖到舞台中央，如图 16-52 所示。在第 270 帧处插入关键帧，在此帧将图形元件放大，如图 16-53 所示。

图 16-52　第 230 帧"场景 1"元件　　　　图 16-53　第 270 帧"场景 1"元件

（13）新建图层，命名为"场景 2"。在第 271 帧处插入关键帧，将"场景 2"图形元件拖到舞台中央并缩小，如图 16-54 所示。在第 300 帧处插入关键帧，在此帧将图形元件放大，如图 16-55 所示。

图 16-54　第 271 帧"场景 2"元件　　　　图 16-55　第 300 帧"场景 2"元件

（14）新建图层，命名为"场景 3"。在第 301 帧处插入关键帧，将"场景 3"图形元件拖到舞台中央并缩小，如图 16-56 所示。在第 330 帧处插入关键帧，在此帧将图形元件放大，如图 16-57 所示。

图 16-56 第 301 帧"场景 3"元件

图 16-57 第 330 帧 "场景 3"元件

（15）新建图层，命名为"场景 4"。在第 331 帧处插入关键帧，将"场景 4"图形元件拖到舞台中央并缩小，如图 16-58 所示。在第 360 帧处插入关键帧，在此帧将图形元件放大，如图 16-59 所示。至此前奏部分的场景制作完成，下面制作与歌词对应的场景。

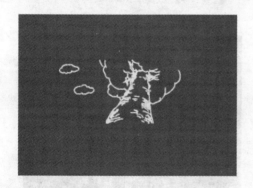
图 16-58 第 331 帧"场景 4"元件

图 16-59 第 360 帧 "场景 4"元件

（16）新建图层，命名为"场景 5"。在第 383 帧处插入关键帧，将"场景 5"图形元件拖到舞台中央并缩小，如图 16-60 所示。在第 450 帧处插入关键帧，在此帧将图形元件放大，如图 16-61 所示。

图 16-60 第 383 帧"场景 5"元件

图 16-61 第 450 帧 "场景 5"元件

（17）新建图层，命名为"场景6"。在第451帧处插入关键帧，将"场景6"图形元件拖到舞台中央并缩小，如图16-62所示。在第517帧处插入关键帧，在此帧将图形元件放大，如图16-63所示。

图16-62 第451帧"场景6"元件　　　　图16-63 第517帧"场景6"元件

（18）新建图层，命名为"场景7"。在第545帧处插入关键帧，将"场景7"图形元件拖到舞台中央并缩小，如图16-64所示。在第620帧处插入关键帧，在此帧将图形元件放大，如图16-65所示。

图16-64 第545帧"场景7"元件　　　　图16-65 第620帧"场景7"元件

（19）新建图层，命名为"场景8"。在第621帧处插入关键帧，将"场景8"图形元件拖到舞台右边，如图16-66所示。在第695帧处插入关键帧，在此帧将图形元件移动到舞台的中央，如图16-67所示。

图16-66 第621帧"场景8"元件　　　　图16-67 第695帧"场景8"元件

（20）新建图层，命名为"场景 9"。在第 696 帧处插入关键帧，将"场景 9"图形元件拖到舞台中央并缩小，如图 16-68 所示。在第 762 帧处插入关键帧，在此帧将图形元件放大，如图 16-69 所示。

图 16-68　第 696 帧 "场景 9" 元件　　　　图 16-69　第 762 帧 "场景 9" 元件

（21）新建图层，命名为"场景 10"。在第 763 帧处插入关键帧，将"场景 10"图形元件拖到舞台右边，如图 16-70 所示。在第 825 帧处插入关键帧，在此帧将图形元件移动舞台左边，如图 16-71 所示。

图 16-70　第 763 帧 "场景 10" 元件　　　　图 16-71　第 825 帧 "场景 10" 元件

（22）新建图层，命名为"场景 11"。在第 826 帧处插入关键帧，将"场景 11"图形元件拖到舞台中央并缩小，如图 16-72 所示。在第 905 帧处插入关键帧，在此帧将图形元件放大，如图 16-73 所示。

图 16-72　第 826 帧 "场景 11" 元件　　　　图 16-73　第 905 帧 "场景 11" 元件

（23）新建图层，命名为"场景 12"。在第 906 帧处插入关键帧，将"场景 12"图形元件拖到舞台中央并缩小，如图 16-74 所示。在第 990 帧处插入关键帧，在此帧将图形元件放大，如图 16-75 所示。

图 16-74   第 906 帧"场景 12"元件   图 16-75   第 990 帧 "场景 12"元件

（24）新建图层，命名为"场景 13"。在第 991 帧处插入关键帧，将"场景 13"图形元件拖到舞台右边，如图 16-76 所示。在第 1053 帧处插入关键帧，在此帧将图形元件移动到舞台的中央，如图 16-77 所示。

图 16-76   第 991 帧"场景 13"元件   图 16-77   第 1053 帧 "场景 13"元件

（25）新建图层，命名为"场景 14"。在第 1054 帧处插入关键帧，将"场景 6"图形元件拖到舞台中央并缩小，如图 16-78 所示。在第 1115 帧处插入关键帧，在此帧将图形元件放大，如图 16-79 所示。

 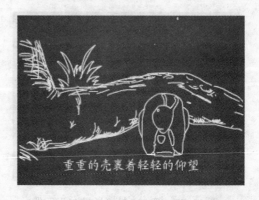

图 16-78   第 1054 帧"场景 6"元件   图 16-79   第 1115 帧 "场景 6"元件

（26）新建图层，命名为"场景 15"。在第 1116 帧处插入关键帧，将"场景 10"图形元件拖到舞台右边，如图 16-80 所示。在第 1162 帧处插入关键帧，在此帧将图形元件移动到舞台的左边，如图 16-81 所示。

图 16-80　第 1116 帧 "场景 10" 元件　　　　图 16-81　第 1162 帧 "场景 10" 元件

（27）新建图层，命名为"场景 16"。在第 1163 帧处插入关键帧，将"场景 15"图形元件拖到舞台右边，如图 16-82 所示。在第 1259 帧处插入关键帧，在此帧将图形元件移动到舞台的左边，如图 16-83 所示。

图 16-82　第 1163 帧 "场景 15" 元件　　　　图 16-83　第 1259 帧 "场景 15" 元件

（28）新建图层，命名为"场景 17"。在第 1260 帧处插入关键帧，将"场景 16"图形元件拖到舞台中央并缩小，如图 16-84 所示。在第 1332 帧处插入关键帧，在此帧将图形元件放大，如图 16-85 所示。

图 16-84　第 1260 帧 "场景 16" 元件　　　　图 16-85　第 1332 帧 "场景 16" 元件

（29）新建图层，命名为"场景 18"。在第 1333 帧处插入关键帧，将"场景 17"图形元件拖到舞台中央并放大，如图 16-86 所示。在第 1425 帧处插入关键帧，在此帧将图形元件缩小，如图 16-87 所示。

图 16-86　第 1333 帧"场景 17"元件　　　　图 16-87　第 1425 帧 "场景 17"元件

至此，歌词对应的场景就制作完成了。时间轴中图层的摆放顺序如图 16-88 所示。

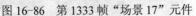

图 16-88　时间轴中图层摆放顺序

6．制作重播按钮

当 MTV 播放完后，应提供一个按钮，让观众从头播放。制作重播按钮的方法如下。

（1）新建一个影片剪辑元件，命名为"end"。在其编辑模式中利用"文本工具"输入"The End"，然后将其打散并转换为图形元件，命名为 "the end"。接着在图层 1 的第 10 帧插入关键帧，再将第 1 帧中的实例放大并在第 1 和第 10 关键帧之间创建传统补间动画。选中第 10 帧，右击，在快捷菜单中选择【动作】命令，在【动作-帧】面板的工作区中输入脚本"stop();"。

（2）从 Flash 的公用库中选择一个"播放"按钮元件，放到【库】面板中。本例选用的是"flat grey play"按钮元件，用户也可以自己制作按钮元件。

（3）回到主场景，在"场景 18"图层的上方新建一个图层，命名为"结束"，在该层的第 1426 帧按 F6 键插入关键帧，接着将制作的影片剪辑"end"及按钮元件拖到舞台中央并根据需要添加文字，如图 16-89 所示。然后选中第 1426 帧，在该帧的【动作】面板中添加脚本"stop();"，让影片在该帧停止。

图 16-89 "影片剪辑"和"按钮"的位置

（4）选择舞台中的按钮元件，在【动作-按钮】面板的工作区中添加下列脚本语句：

```
on (release)
{
  gotoAndPlay(1);
}
```

此时单击并释放鼠标后，将跳转至主场景第 1 帧开始播放。

（5）至此，主场景也就全部制作完成了。按 Ctrl+Enter 键测试影片。选择【文件】→【保存】命令，将文件保存为"蜗牛.fla"。

16.3 总结与提高

总的来说，制作 MTV 要有一个主题思想。动画和文字的效果要与歌曲的词义和歌曲所表达的感情配合好，这样做出来的作品感染力才会强。

在这些工作都做完后，还要思考的就是创意问题了。其实，这个问题是因每个人的差异不同而普遍存在的问题，不可能靠读一篇文章或一本书学会，只能从制作中积累经验及看别人的优秀作品吸取经验。另外，还要有一定的绘画功底。动画设计主要是看创意，Flash 的基本技巧不外乎补间动画、形状动画、遮罩动画与引导动画。而一个动画的好与坏真正体现不在于用多少效果，而是设计的创意工作是否做得更完善。而创意则是凭感觉来制作的，多学多看是创意的起始点。

在本例中没用到太多太繁杂的脚本语句，只用到了几个简单的脚本语句：stop();、on 和 gotoAndplay();。这几个命令语句主要是来控制重播按钮的。

习题

试着制作 MTV，动画的画面要求新颖并有一定的创意。故事情节要与歌词的含义相吻合，一些方法和技巧可参照本例。